KB077861

탄소중립 시기의 CCS

Carbon Capture and Sequestration

• 이산화탄소 지중 저장 기술 •

이정환, 박용찬, 권순일, 이영수, 왕지훈,
장영호, 손한암, 장호창, 성원모 저

씨아이알

머리말

　20세기 산업이 주로 석유, 가스, 석탄의 화석연료에 기반하였다면 21세기는 지구의 기온상승으로 인한 기후변화로 지구온난화가 심각한 이슈로 부각되면서 이를 극복하기 위한 방법으로 화석연료에서 탈피하여 청정에너지 시대로 가기 위한 중간단계에 있다. 이 시점에는 석유, 가스, 석탄, 원자력, 지열, 조력, 수력, 풍력, 태양광의 다양한 형태의 에너지가 공존하는 에너지 믹스 시대이다. 이에 즈음하여 그린 수소와 같은 완전한 형태의 청정에너지가 상용화되기 이전까지는 대기 중으로 방출되는 이산화탄소를 포집, 분리하거나 블루 수소 생산 시 산출되는 이산화탄소를 처리해야 한다. 이를 처리하는 방법으로는 이산화탄소를 활용(Carbon Capture and Utilization; CCU)하거나 저장(Carbon Capture and Sequestration; CCS)하는 CCUS(Carbon Capture, Utilization and Sequestration) 기술이 있으며, 이 기술을 빠른 시간 내에 개발하고 기존 기술을 개선해야 한다. 이산화탄소가 방출되는 기간 동안에는 이산화탄소 활용 기술이 도전적으로 개발되어야 하지만 저장 효과가 미미하므로 궁극적으로는 대규모로 처리할 수 있는 미채광 석탄층, 심부 대염수층, 고갈 유가스전 등의 지하 지층에 지중 저장하고 격리시켜야 한다.

　전 세계는 2021년 영국 글래스고에서 2050년 탄소중립, 즉 탄소배출 넷제로(Net-zero)를 달성하기 위한 전략을 제시하였으며 일차적으로 2030년까지 이산화탄소 배출 감축목표를 설정하였다. 우리나라는 탄소중립 목표 달성을 위해 2030년까지 이산화탄소 배출을 2018년 대비 40% 감축 목표를 선언하였다. 이를 위해서는 저장 대상 지층에 대한 탐사와 시추 작업이 필수적이다. 이 작업을 통해 얻은 자료를 해석하여 지층의 구조 및 지층의 특성 규명, 저장량 평가 등의 기술적 작업이 시급히 실행되어야 하는 중요한 시점에 와 있다.

이에 집필진 중 성원모 교수를 비롯하여 이정환 교수, 박용찬 박사, 권순일 교수, 이영수 교수, 왕지훈 교수, 장영호 박사, 손한암 교수, 장호창 교수는 CCS 지중 저장 필요성의 시급함을 공감하여 이 책을 집필하기에 이르렀다.

이 책의 대주제와 체계적으로 연관된 소주제는 여러 차례 논의 끝에 지금과 같은 구성으로 정하였으며, 세부 내용은 공저자의 전문성을 높이기 위해 각 장별로 나누어 저술하였다. 책의 구성은 다음과 같다.

제1장은 서문으로 에너지 전환 시기의 이산화탄소와 기후변화, 제2장은 이산화탄소가 심부 지층의 다공질 투과성 암반에 주입하였을 때 이산화탄소가 이동하는 유동 메커니즘, 제3장은 이산화탄소가 지층 내에서 어떻게 격리되는지를 설명하는 트랩 메커니즘, 제4장은 이산화탄소의 지중 저장 가능량 평가와 분류체계, 제5장은 이산화탄소를 주입정에 주입하기 전에 어느 정도의 주입압력으로 주입을 해야 지층이 안정적일지에 대한 적정주입량 산출을 위한 주입정 시험 해석법, 제6장은 주입정의 튜빙 사이즈 및 지중 저장 지층의 유동 특성을 고려한 주입 시스템의 노달분석 해석을 통한 적정주입량 산출법, 마지막으로 제7장은 이산화탄소를 지층에 주입했을 때 무리하게 주입할 경우 지층에 균열이 발생하여 누출의 위험성이 존재할 수 있으므로 이를 위한 주입안정성 분석의 내용으로 이 책을 구성하였다.

이 책을 통해 이산화탄소의 지중 저장에 관심을 가지고 있는 학생들에게 이 분야에 대한 기초지식을 소개하고, 석유가스개발 분야나 천연가스 지중 저장 등의 E&P 분야의 기술과 유사하지만 어떤 차이가 있는지 또는 어떻게 이 기술들이 CCS 기술에 적용되는지를 보여주고자 하였다. 뿐만 아니라 산업계에서 CCS 기술을 알고자 하는 분들에게는 기본적인 기술의 개념과 이해를 돕고자 하였다.

전문성을 강화하기 위해 다수의 저자가 협력하여 저술하면서 구성이나 용어의 통일성을 기하기 위해 최대한 노력을 하였으나 그럼에도 불구하고 미흡한 부분은 존재할 것이다. 이에 대하여 독자분들의 양해를 부탁드리며, 앞으로도 지속적으로 수정 및 보완해 나갈 것을 약속드린다.

2022년 6월

이정환 · 박용찬 · 권순일 · 이영수 · 왕지훈

장영호 · 손한암 · 장호창 · 성원모

목차

에너지 전환 시기의
이산화탄소와 기후변화

01 에너지 전환 시기의 이산화탄소와 기후변화

1.1 기후변화와 지구온난화

지구온난화는 대기 중의 이산화탄소(CO_2), 메탄(CH_4), 일산화질소(NO) 등의 온실가스(Green House Gas; GHG)로 인한 온실효과가 발생하여 나타나는 것으로 알려져 있다. 이러한 온실가스 중 CO_2의 지구온난화지수(Global Warming Potential)[*]는 낮지만 2010년 기준 전체의 76%를 차지할 정도로 가장 많은 부분을 차지한다. 이와 같은 온실가스의 대기 중 농도증가가 지구온난화와 어떤 연관이 있는지를 설명하기 위하여 과학자들은 복잡한 기후모델을 사용하고 있으며, 사용된 모든 기후모델의 실험 결과 20세기 지구온난화는 인간의 활동에 의한 온실가스의 대기 중 농도 증가가 그 주된 원인임을 규명한 바 있다(IPCC, 2014).

온실효과로 인하여 지구온난화의 지표인 지구 표면 온도는 20세기 들어서 석탄, 석유와 같은 화석연료 사용량의 증가, 삼림 벌채 등으로 인해 그 속도가 빨라지고 있다. 2018년 IPCC의 보고서에 따르면 산업화 이전에 비해 평균기온이 0.8~1.2°C 상승한 것으로 보고되었으며, 현재 증가율이 유지되면 2023년에서 2034년 사이에 1.5°C 상승이 일어날 것으로 전망되고 있다(기상청, 2021). 또한 2.0°C 상승은 2041~2053년, 3.0°C 상승은 2063~2070년 사이로 추정되고 있다.

---

[*] 지구온난화지수(Global Warming Potential): 이산화탄소 1kg과 비교하였을 때 어떤 온실기체가 대기 중에 방출된 후 특정 기간 그 기체 1kg의 가열 효과가 어느 정도인가를 평가하는 척도이다. 100년을 기준으로 CO_2를 1로 볼 때 CH_4가 21, N_2O가 310, HFCs가 1,300, PFCs가 7,000, SF_6가 23,900(IPCC, 1996)이다.

세계기상기구(WMO)의 연례보고서 「지구기후보고서 2020」에 따르면 2011~2020의 10년이 역사상 가장 더운 10년으로 기록되었으며 연평균 3.29mm 해수면이 상승하여 1993년 이후 약 100mm 높아졌다. 빙하가 급속도로 감소하고 CO_2 흡수로 인해 해양 산성화가 심해지고 극한의 기후현상이 자주, 더 강하게 나타나고 있다(WMO, 2021). 온도 상승 유형은 북반구에서 온도 상승이 더욱 크게 일어나고 있으며, 해양보다 육지에서 더 높은 온도상승을 나타내고 있다. 그림 1.1.1은 대기 중 CO_2 온도를 나타내고 있으며, 산업화 이전 농도인 280ppm에서 415ppm까지 47% 증가하였다. 그러나 지난 80만 년 동안 단 한번도 300ppm을 넘은 적이 없었고, 오히려 빙하기에는 180ppm 선까지도 떨어졌었기 때문에 150%가 증가했다는 의견이 있다.

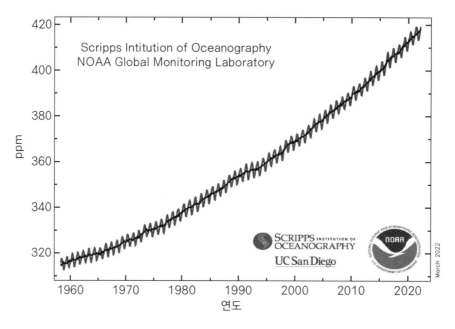

그림 1.1.1 연도별 대기 중 CO_2 농도 변화(NOAA, 2021)

지구온난화에 대처하기 위한 국제사회의 노력과 그 결실은 '기후변화협약' 체결과 이의 이행 정도로 가늠될 수 있다. CO_2 등 지구 기온을 상승시키는 온실가스의 대기 중 배출을 억제함으로써 지구온난화로 인한 지구의 환경피해를 방지하기 위해 1972년 스위스 제네바에서 세계기상기구(WMO) 주관으로 제1차 세계기후회의가 개최되었으며, 여기에서 온실가스가 기후변화에 미치는 영향과 그 평가에 대한 논의가 진행되었다. 이후 1985년 WMO와 국제연합환경계획(UNEP)이 CO_2가 온난화의 주범임을 공식 선언하였고, 1988년에는 IPCC가 구성되어 기후변화에 관한 조사

연구를 수행하여 대응전략을 제시하고 있다. 이후, 선진국의 온실가스 배출량 감축 필요성이 제기되었고 각국의 입장 조정 및 실행을 도모하는 과학적인 기후변화 연구체제를 기반으로 하는 국제기구 및 협약의 필요성이 대두되었다.

이에 유엔기후변화협약이 1992년 브라질의 리우환경회의에서 지구온난화에 따른 이상기후 현상을 예방하기 위한 목적으로 채택되어 당시 회의 참가국 178개국 중 우리나라를 포함한 154개국이 서명하였으며 1994년 3월 21일 공식 발효되었다. 이 협약은 각 국가들의 의무강화를 위하여 1997년 일본 교토에서 개최된 제3차 협약 당사국 총회에서 교토의정서를 최종 채택하게 되었다. 가장 최근의 국제 협약은 2015년 프랑스 파리에서 열린 제21차 유엔기후변화협약 당사국총회 (COP21)에서 195개국이 채택한 협정으로 교토의정서의 한계를 극복하기 위한 기후변화협정이다. 주요 내용은 지구 평균온도가 산업화 이전 대비 2°C 이하로 유지하고 나아가 1.5°C로 억제하기 위해 노력해야 한다는 것이다. 국제사회의 노력으로 2016년 협정이 발효되었으며 우리나라도 같은 해에 비준하였다.

2021년 11월 영국 글래스고에서 제26차 유엔기후변화협약 당사국총회(COP26)에서 세계 각국이 석탄 사용의 단계적 감축 등을 포함한 대책에 합의하였다. 이 협약은 온실가스 배출에 가장 큰 영향을 끼쳐온 석탄의 감축을 명시한 최소의 기후협약이라는 데 의미가 있다. 다만 협상 초안에는 석탄발전을 단계적으로 '중단'하겠다는 문구가 있었으나 강한 반대에 부딪쳐 '감축'으로 수정되었다.

1.2 에너지 전환 시대와 CCS

그림 1.2.1은 2017년 기준 분야별 CO_2 직접배출량이다. CO_2 배출량은 발전, 운송, 산업, 건물 순이며 2020년 기준으로 33.9Gt(gigaton)의 CO_2가 배출되고 있다(IEA, 2021). 발전의 경우 13.5Gt으로 40% 정도를 차지하며, 늘어나는 전 세계 전력수요로 인해 이 배출량 또한 증가될 것으로 예측된다. 따라서 CCS 연계 발전소를 통한 저탄소 전력 공급망의 마련이 시급한 상황이다. 발전 분야의 큰 배출량은 화석연료 발전에 기인하며, 특히 배출량이 가장 큰 석탄 화력발전의 경우 현재 2,000GW의 발전량을 보이며 2030년까지 500GW의 발전량이 추가될 것으로 전망되었다. 배출량 감소를 위해 계획된 발전소 운영기간을 감소시키는 추세이며 특히 배출량이 절반에 불과한 가스 화력발전의 평균 운영기간이 19년인데 비해, 석탄 화력발전소는 12년이다(IEA, 2020a). 그러나 현재의 전력사용량과 향후 증가량을 고려할 때, 당분간 전 세계 전력 수요의 상당

부분을 화력발전이 담당할 수밖에 없으며, 결국 CCS와 결합된 화력발전소의 개선이 비용적으로 볼 때 효율적일 수 있다. 특히 중국, 인도, 동남아시아 국가들과 같이 석탄의존도가 높은 국가들에서 기존 발전소를 유지할 수 있으므로 저탄소 경제로의 전환에 도움이 될 수 있다.

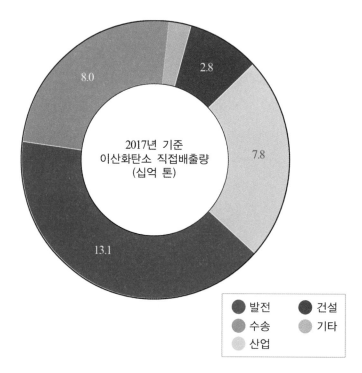

그림 1.2.1 2017년 기준 분야별 전 세계 CO_2 직접배출량(GCCSI, 2020)

연간 산업 분야에서 약 8.5Gt의 CO_2 직접 배출량이 발생되며 시멘트, 철강, 화학 부분이 이 중 70%를 차지한다. 여기에 간접 배출량을 추가할 경우 산업 분야의 발생량은 전 세계 발생량의 40%를 차지한다. 배출량 제한과 에너지 효율 향상을 위한 현재의 국가적 합의를 고려하면 산업 분야의 CO_2 배출량은 2060년까지 매년 8Gt에서 1Gt 정도 증가될 것으로 IEA는 전망하였다. 하지만 파리 기후협약의 달성을 위해서 이 배출 증가량은 연간 0.47Gt으로 억제되어야 한다. 이를 위해 연료 전환, 에너지 효율 향상, 신기술 개발과 같은 다양한 방식이 요구되지만 CCS가 가장 현실적인 방법으로 평가되고 있다. IEA는 2017년부터 2060년까지 CCS가 산업 분야 배출량 중 29Gt을 담당해야 된다고 산정하였으며(IEA, 2019), 특히 순도가 높은 CO_2가 배출되어 포집비용이 낮은 화학 산업 분야에서 19Gt의 CO_2 배출량을 저감할 수 있을 것으로 추정된다.

2021년 5월 발표된 IEA의 「Net Zero by 2050」 보고서에서 2050년까지 전 지구적인 탄소중립 또는 넷제로가 필요하다는 점을 강조했다. 장기적으로 지구 평균기온 상승을 1.5°C로 제한하려는 노력으로 현재 온실가스 배출량의 75%를 차지하는 에너지 부문에서의 감축방안을 제시하고 있다. 주요 내용을 살펴보면 2030년까지 다양한 청정기술을 대폭 확장시켜 풍력과 태양광 발전설비를 지금의 4배 수준으로 끌어올리는 것처럼 신재생 에너지를 대폭 늘려야 하며 화석연료가 사용되어야 하는 경우 CCS 기술이 필수적임을 강조하고 있다. 이에 따라 2020년 40Mt(megaton)에 불과한 CCS(CCU 포함) 처리 규모가 2035년에는 4Gt, 2050년에는 7.6Gt까지 늘어나야 한다고 추정하고 있다. 특히 CCUS 기술 없이 탄소중립을 이룩하려면 15조 달러의 비용이 추가될 것이라고 보고하였다.

1.3 CO_2 지중 저장 기술

1.3.1 CCUS 전주기 개념

CCUS는 발전 및 산업체 등 화석연료를 사용하면서 발생하는 CO_2를 포집한 후 유용한 물질로 활용하는 기술(CCU) 또는 안전하게 육상 또는 해양지중에 저장(CCS)하는 기술이다.

그림 1.3.1 CCUS 전주기 개념도(산업통상자원부, 2020)

CO2 포집은 발전소, 제철소, 석유화학공정, 수소 생산 등 대규모 배출원에서 CO2를 분리하는 기술로 화석연료를 공기와 연소시키는 과정의 배가스에서 CO2를 분리하는 연소 후 포집, 공기 중 산소를 분리하여 화석연료를 연소시키는 순 산소 연소 포집, 석탄의 가스화 또는 천연가스의 개질 반응을 통해 합성가스를 생산하는 과정에서 CO2를 분리하는 연소 전 포집 기술로 구분할 수 있다. 장기적으로는 대기 중 CO2를 직접 분리하는 기술도 필요하다는 의견이 있다(IEA, 2021).

분리된 CO2를 대규모로 처리하기에는 지표에 영향이 미치지 않는 심부 퇴적층에 주입하는 것이 가장 유리하나 일부는 다른 분야에 활용(utilization)될 수 있다. 고부가 화합물이나 합성가스를 생산하는 전환기술과 탄산칼슘 생산, 석유회수증진에 활용되는 것이 대표적이나 이용되는 것 자체가 온실가스 감축량과 일치하지 않는다. 추가적인 에너지가 투입되어야 하기 때문으로 CO2 포집비용 일부를 상쇄하는 수준의 부가가치가 발생할 수 있으나 대규모 처리에는 적합하지 않다.

CO2를 격리하는 방법은 격리하는 장소에 따라 지중 격리, 해양 격리, 육상 격리로 구분된다. 해양에 CO2를 주입하는 해양 격리 방법은 격리할 수 있는 양이 지하구조나 육상 생태계에 저장 가능한 양에 비해 훨씬 많으나, CO2가 해수를 산성화시킴으로써 해양 생태계에서 매우 큰 문제가 발생할 수 있다. 또한 산림이나 농경지 등의 육상 생태계를 이용한 육상 격리는 환경적인 측면에서는 바람직하나 많은 양을 격리할 수가 없고, 오랜 시간을 필요로 한다는 단점이 있다. 그에 비해 해양이나 육상에서 지하암반층에 저장하는 지중 저장은 오랜 기간 동안 석유나 가스 또는 물을 안정적으로 보존하고 있던 지질구조에 CO2를 저장시키므로 누출 위험 없이 짧은 시간 내에 많은 양의 CO2를 안전하게 격리할 수 있다.

1.3.2 CO2 지중 저장

CO2의 지중 격리가 가능한 지질구조 및 심부 대상 지층은 장기적으로 안정하고, 낮은 투과도를 갖는 덮개층(Cap rock)을 가지며, 주입 효율과 저장 능력이 양호한 지층이 지중 저장의 대상이 된다. 지층 내 주입되는 CO2가 초임계 상태(31.1℃, 7.38MPa 이상)로 존재할 수 있어야만 주입 효율과 저장 능력이 양호한 지층이며, 일반적으로 심도 800m 이상의 지층이 이 조건을 만족한다.

CO2를 포집 및 저장하여 대기 중으로 배출되는 CO2를 줄임으로써 기후온난화 문제를 개선한다는 CCS의 개념 중 CGS(CO2 Geological Storage)는 포집-수송-저장으로 구성되는 기술체계에서 마지막 과정이다. CGS는 일반적으로 고갈 유가스전(depleted oil and gas field), 심부 대염수층(deep saline aquifer), 석탄층(coalbed methane) 등에 적용된다. 수십 년간 CO_2를 지중에 저장하고 모니터링하는 다수의 프로젝트가 수행되었다. 이를 통해 저장된 CO_2의 이동과 누출을 탐지하기 위한 기술들이 개발되었으며, 이들 프로젝트 중 심각한 CO_2 누출 사고는 보고되지 않았다. 최근의 연구(Alcalde 등, 2018)에 따르면 주입된 CO_2 중 98%는 영구적으로 지층에 격리되며, 2%만이 부적절하게 폐공된 석유 유정을 통해 누출될 수 있다고 발표하였고, 이 또한 현재 운영 중인 천연가스 저장, 석유회수증진(Enhanced Oil Recovery; EOR), 심지층 폐기물 처리소의 위험성과 비슷한 수준이다(GCCSI, 2018). CO_2 주입 기술 또한 크게 발전하여 석유개발에 사용되었던 수평정, 다중 수직정, 압력관리 주입정 기술 등이 적용되어 최대 효율로 목표 주입량을 달성할 수 있게 되었다.

심부 대염수층은 전 세계적으로 널리 분포되어 있으며, 최소 400Gt에서 최대 10,000Gt까지 대량의 CO_2를 저장할 수 있다는 장점을 갖고 있다. 또한 배출원과 가까이 위치할 경우가 많으므로 수송비용을 절감할 수도 있으며, 긴 시간 동안 염수를 포함하고 있던 구조이므로 CO_2를 안전하게 저장할 수 있다. 특히 고갈 유가스전이 없는 일본이나 유럽 국가를 중심으로 대수층 내 CO_2 격리에 관한 연구가 활발히 진행되고 있다.

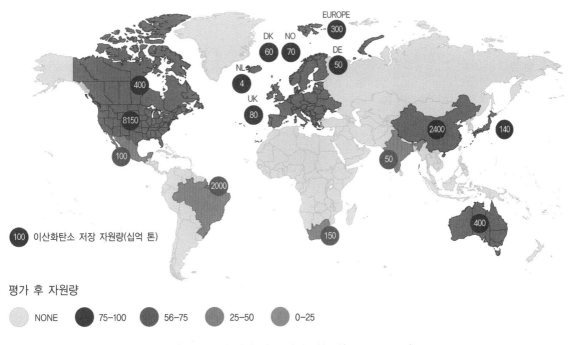

그림 1.3.2 전 세계 지중 저장 가능량(GCCSI, 2018)

석유개발 분야에서는 저장 기술의 효율 증대와 추가적인 에너지 확보를 위한 CO_2-EOR, ECBMR(Enhanced Coal Bed Methane Recovery) 등과 같은 응용 기술의 적용이 가능하다. CO_2-EOR은 CO_2 주입을 통해 추가로 석유를 생산하여 CO_2 격리 비용을 상쇄할 수 있어, 미국이나 캐나다를 중심으로 활발한 연구와 사업이 진행되고 있다.

ECBMR은 석탄층에 CO_2를 주입하여 석탄 구성 입자 표면에 흡착되어 있던 메탄가스를 탈착시키고, CO_2가 흡착되어 격리시키는 기술이다. CO_2를 안전하게 격리할 수 있을 뿐만 아니라, 메탄가스를 회수하여 경제적인 이익을 얻을 수 있으므로 미국 등에서 지속해서 많은 연구가 수행되고 있다.

1.4 주요 CCS 프로젝트

1.4.1 CCS 프로젝트 동향

2021년 기준 전 세계적으로 21개의 대규모 CCS 프로젝트가 진행되고 있으며 규모는 40Mt 수준이다. CO_2가 포집되는 대규모 배출원을 정리하면 천연가스에 포함되어 있는 CO_2를 분리하여 지중에 주입하는 규모가 26.9Mt, 수소 생산이 3.3Mt 수준으로 발전 분야는 2.4Mt에 불과하다 (GCCSI, 2019; IEA, 2021).

● 운영 중이거나 건설 중인 대규모 CCS 시설　　● 운영 중이거나 건설 중인 소규모 CCS 시설
● 개선 중인 대규모 CCS 시설　　　　　　　　● 개선 중인 소규모 CCS 시설
● 종료된 대규모 CCS 시설　　　　　　　　　　● 종료된 소규모 CCS 시설
* '대규모'는 연간 40만 톤 이상의 CO_2 포집 시설을 의미　● 실험 센터

그림 1.4.1 전 세계 CCUS 프로젝트 현황(GCCSI, 2019)

2030년부터 개별 국가별 온실가스 감축이 강제되기 때문에 아직 CCS 사업이 경제성을 확보하지 못하고 있는 상황에서 천연가스 생산에 의한 부가가치 생산에 의존하고 있는 것이다. 노르웨이 슬라이프너(Sleipner), 스노흐비트(Snohvit), 호주의 고곤(Gorgon) 프로젝트 등이 관련 사례이다. 배출원뿐만 아니라 저장 또한 유전에 주입되어 회수율을 높이는 경우가 다수를 차지하고 있다. GCCSI의 2019년도 통계에 따르면 24개의 CCUS 프로젝트 중 19개가 CO_2-EOR과 관련되어 있다. 나머지 4개의 프로젝트 중 2개는 노르웨이의 탄소세를 회피하기 위한 목적, 1개는 고곤 프로젝트로 호주 정부의 요구 조건, 나머지 2개 프로젝트는 정부의 보조금과 세액공제와 관련되어 아직 그 자체로 경제성을 확보하기 어려운 상황을 보여주고 있다. 다만 CO_2 배출권 가격이 2025년 75달러 정도로 형성되기 시작해서 2030년 130달러, 2050년에는 250달러까지 꾸준하게 상승할 것으로 예측(IEA, 2021)되고 있기 때문에 2025년경부터는 경제성이 있을 것으로 기대되고 있다.

1.4.2 대염수층 CO_2 지중 저장

심부암반 대염수층은 유가스전이나 석탄층과는 달리 전 세계적으로 널리 분포되어 있고, 대량의 CO_2를 저장할 수 있다는 장점을 갖고 있다. 대염수층은 염수를 안정적으로 보존하고 있던 구조이므로 CO_2를 안전하게 저장할 수 있고, 뿐만 아니라 생산 분야에서는 물이나 가스주입과 관련된 기술이 이미 축적되어 있다. 특히, 고갈유 가스전이 없는 일본이나 유럽 국가의 경우에는 대염수층에의 CO_2 저장에 대한 연구가 활발히 진행되고 있다. 또한 IEA에 의하면 대염수층은 다른 지중 저장에 비하여 상당히 큰 저장 용량을 가지고 있고, 장기간 물이 보유되어 있던 지질구조이므로 최적의 설계기법을 통하여 주입이 이루어질 경우 CO_2의 유출 없이 안정적인 저장이 가능하다. 다만 저장효율이 낮다는 단점이 있다.

대염수층 격리에 관해 가장 큰 관심을 보이는 유럽에서는 노르웨이, 영국, 독일, 프랑스 등의 국가와 스탯오일(Statoil. 現 Equinor)사, BP사, 엑슨모빌(ExxonMobil)사 등의 기업이 참여하여 1996년부터 2002년까지 'SACS(Saline Aquifer CO_2 Storage)' 프로젝트를 수행하였다. 'SACS' 프로그램 중 슬라이프너(Sleipner) 프로젝트가 가장 대표적이다(그림 1.4.2-1.4.3). 이 프로젝트는 스타트오일사가 1996년부터 추진하였으며, 노르웨이 북해에 위치한 심부 대염수층에 CO_2를 상업적 규모로 저장한 최초의 프로젝트이다. 슬라이프너 가스전에서 생산된 가스 중 CO_2를 분리하여 지하 800m 깊이에 200m 두께의 대염수층에 1996년부터 연간 백만 톤 규모로 재주입하고 있다. 주입된 CO_2는 20년 이상 시각화 모니터링 되었으며 현재 4D 탄성파 탐사 기법을 이용해 추적되고 있다(Furre 등, 2017).

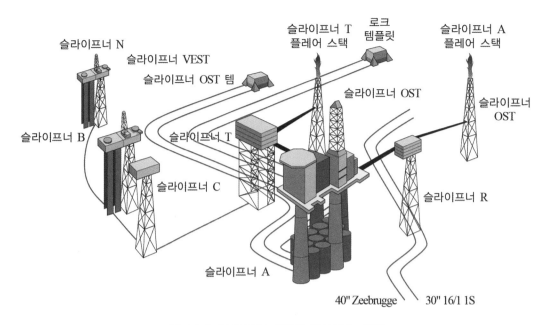

그림 1.4.2 슬라이프너 현장의 해상설비 개념도

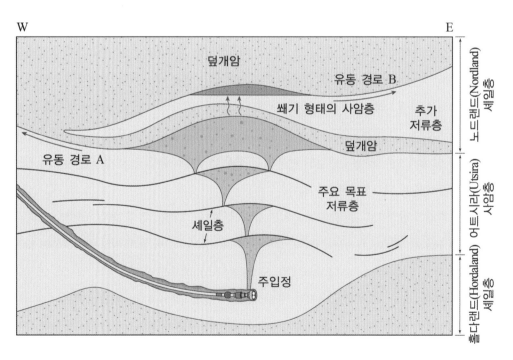

그림 1.4.3 슬라이프너 현장의 CO_2 플룸(plume) 형태

1.4.3 CO$_2$를 이용한 원유회수증진

고갈유 가스전은 오일이나 가스가 저장된 상태로 보존되어 온 구조로서 CO$_2$를 안정적으로 격리할 수 있다. 특히, 수공법 등과 같은 2차 회수증진공법이 진행 중인 유가스전의 경우에는 CO$_2$ 주입을 위한 별도의 주입정을 시추할 필요가 없으며, 이러한 생산 중인 유가스전은 탐사과정이나 생산기간 동안에 저류층 특성 규명 작업이 이미 수행되었으므로 저류층에 대한 지질정보가 확보되어 있다는 장점이 있다. 또한 석유개발 산업 분야에서는 CO$_2$ 주입을 통한 CO$_2$-EOR이 오랜 기간 동안 수행되어 왔으므로, 이 분야에 대한 다양한 기술이 축적되어 있다. 뿐만 아니라, CO$_2$ 주입을 통해 추가적으로 오일이나 가스가 생산되면, 경제적인 이익이 발생하여 CO$_2$ 격리 비용을 충당할 수 있으므로 유가스전에의 CO$_2$ 주입을 통한 CO$_2$ 격리는 미국이나 캐나다 등지에서 활발히 연구되고 있다.

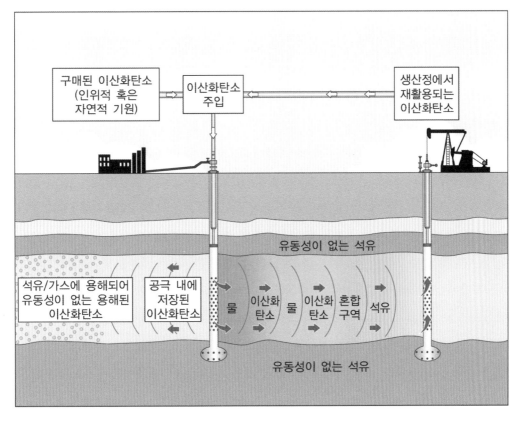

그림 1.4.4 CO$_2$-EOR을 이용한 CO$_2$ 저장 기술(IEAGHG, 2009)

캐나다 사스카추완주에 위치한 유전에 CO_2를 주입하는 웨이번(Weyburn) 프로젝트는 지난 2000년부터 미국 노스다코타주의 석탄가스화 플랜트로부터 포집된 CO_2를 330km 파이프를 통해 캐나다로 수송하여 육상 지중에 연간 1Mt 정도의 CO_2를 20년에 걸쳐 주입하는 프로젝트이다. 프로젝트의 첫 번째 단계에서 5Mt의 CO_2가 저장되었고 이에 따라 오일 생산량이 크게 증가하였다.

1.4.4 수소 생산을 위한 CCS 프로젝트

수소는 온실가스 배출이 없고 비용 측면에서 효율적인 에너지원으로 최근 글로벌 에너지 트렌드에서 가장 많이 언급되고 있다. 수소는 중·장거리 운송차량의 탄화수소 기반 연료를 대체할 수 있으며, 천연가스와 석탄 기반 산업의 탈탄소화 문제를 해결하는 데 도움이 될 수 있다. 또한, 발전을 위한 저장 매체가 될 수 있고 일부는 기존 천연가스 공급원의 첨가제로 사용될 수 있다. 2020년에 공개된 한 보고서(Bloomberg NEF, 2020)에 따르면 2050년 기준 수소 수요는 최대 1.37Bt에 이를 수 있다고 한다. 이 가운데 많은 부분을 CO_2 지중 저장과 연계된 화석연료에서의 전환이 담당해야 할 것으로 예상된다. 화석연료의 사용을 최소화 하는 IEA의 「Net-Zero by 2050」 조건에서도 천연가스 925Bcm(Billion cubic meters)이 수소 생산에 사용된다고 추정하고 있다.

2020년, 합성가스를 포함한 총 수소 생산량은 120Mt이며 이 중 순수 수소 생산량은 70Mt이다(IEA, 2020b). 수소는 주로 천연가스 개질(SMR), 석탄 가스화, 물 전기분해 방법을 통해 생산되며, 이 중 0.3%만이 재생에너지를 통한 전기분해 방식으로 생산되고 상당부분이 SMR 방식을 통한 천연가스를 개질하여 생산된다. 그러나 SMR의 경우에 화석연료를 사용하기 때문에 CO_2가 발생할 수밖에 없어 그레이 수소(grey hydrogen)라 하며 온실가스 배출을 막기 위해서는 그림 1.4.5와 같이 CCS 기술을 사용한 블루 수소(blue hydrogen) 또는 신재생에너지를 이용한 그린 수소(green hydrogen)가 요구되고 있다(Dawood 등, 2020). 현 시점에서 재생에너지 기반의 그린 수소 생산비용이 블루 수소 방식에 비해 3배 정도의 높은 비용이 발생되며, 결과적으로 대규모 저배출 수소 생산을 위해 CCS 플랜트가 필요한 것으로 판단된다. 현재, 전 세계적으로 CCS와 결합된 SMR과 석탄 가스화 방식으로 1.4Mt의 수소를 생산하고 있다(GCCSI, 2020a).

유형	그레이 수소	블루 수소	그린 수소
공급원	석탄, 석유, 천연가스와 같은 화석연료에서 개질 (SMR; Steam Methane Reforming)	천연가스로부터의 수소 개질과 이산화탄소 지중 저장 연계	신재생에너지를 활용한 물의 전기 분해
개념			
비용	수소 1kg당 1.32달러	수소 1kg당 2.14달러	수소 1kg당 5~8달러

그림 1.4.5 수소 생산 방식 개념도(한국가스학회, 2021)

수소 생산과 관련된 CCS 프로젝트로 호주 빅토리아주의 CarbonNet 프로젝트가 있다. 이 프로젝트는 빅토리아주 육상 라트로브 밸리(Latrobe valley) 분지의 갈탄을 이용해 수소를 생산하여 일본으로 수출하고 이 과정에서 분리된 CO_2를 해양 깁슬랜드(Gippsland) 분지에 저장하는 수소에너지 공급체인을 형성하는 가능성을 확인하기 위한 것으로 2019년에 3D 탄성파 탐사와 평가정을 시추한 바 있다(Carman 등, 2015; CarbonNet, 2019).

캐나다의 오일샌드 생산업체인 선코 에너지(Suncor Energy)사는 전력회사인 ATCO사와 합작하여 앨버타주에서 2028년 개시를 목표로 대규모 수소 생산−CCS 프로젝트를 기획하고 있다. 이는 캐나다에서 가장 대형 프로젝트일 뿐만 아니라 전 세계적으로도 높은 생산량을 보일 것으로 기대되며, 연간 0.3Mt 이상의 수소 생산과 2Mt 이상의 CO_2를 저감할 수 있을 것으로 예상되고 있다. 캐나다는 CCS가 결합되지 않은 그레이 수소 방식으로 많은 양을 생산하고 있으나, 이 프로젝트를 통해 블루 수소로 전환되어 수소 생산 과정에서 발생되는 CO_2 중 90%를 처리할 수 있을 것으로 기대하고 있다(Suncore Energy, 2021).

1.5 국내에서의 CCS 기술 관련 동향

우리나라는 2020년 10월 2050 탄소중립 계획을 처음 천명하였으며 같은 해 12월 관계부처 합동으로 '2050 탄소중립 추진전략'을 마련하고 그 내용을 발표하였다. 탄소중립, 경제성장, 삶의 질 향상을 동시에 달성한다는 목표로 에너지 공급 분야에서는 CCUS 기술 등을 적극적으로 활용하여 전력부문의 탄소중립을 위해 나아가겠다는 전략을 발표하였다. 2015년 파리협정 시 세계 각국은 국가온실가스 감축목표를 2020년까지 갱신하기로 합의한 바 있는데 이에 따라 한국 정부는 2018년 배출량 대비 26.3% 감축을 2030년 국가온실가스 감축목표로 제시하였다. 뒤이어 COP26 회의를 앞두고 2021년 10월, 2018년 대비 40%로 감축목표를 대폭 상향하였다.

확정된 탄소중립을 위한 온실가스 감축 시나리오에 따르면 2050년 기준 CCUS 기술로 연간 최소 55.1Mt에서 최대 84.6Mt을 처리해야 하며 2030년 국가온실가스 감축목표 달성을 위해서는 연 10.4Mt의 CO_2를 처리해야 한다(환경부 보도자료, 2021). 2030년 감축 목표 중 CCU 기술이 6.4Mt, CCS 기술의 감축분은 4Mt이다. 국내 CO_2 지중 저장소는 육상은 전무하며 해양 석유자원 개발을 위한 탐사, 시추, 생산자료 검토를 통해 730Mt 규모로 제시되었다(산업통상자원부, 2021). 가장 확실한 후보지로 2022년 6월 천연가스 생산이 종료되는 동해가스전을 활용한 CCS 사업을 추진하고 있으며, 이 사업을 통해 2025년부터 연간 0.4Mt의 CO_2를 포집·이송하여 총 10Mt을 저장할 계획을 수립하고 있다. 동해가스전은 20년간 천연가스를 생산해왔으며 기존 생산 플랫폼 및 파이프라인을 CO_2 주입에 맞게 개선하여 사용하게 될 경우 철거비용과 투자비를 절감할 수 있어 비용 측면에서 효율적일 것으로 평가된다. 본 사업은 산업체에서 포집된 CO_2를 파이프라인을 통해 동해가스전으로 이송 후 지하공간에 주입·저장하는 실증사업으로 CO_2 포집, 수송, 저장 기술은 물론 CO_2 유출 방지를 위한 안전·환경 분야까지 포함하게 된다. 또한 우리나라가 목표로 하는 2030년 감축목표와 2050년 탄소중립을 달성하기 위해서는 연간 최소 수백만 톤에서 수천만 톤의 저장이 가능한 후보지를 확보해야 한다. 2021년 말 기준으로 정부는 2030년까지 최대 1조 4천억 수준의 투자를 계획하고 있다.

| 참고문헌 |

- 기상청, 2021, "탄소중립만이 기후위기를 줄일 수 있다!", 기상청 보도자료(2021년 5월 26일자), https://www.kma.go.kr/kma/news/press.jsp?bid=press&mode=view&num=1194016.

- 산업통상자원부, 2020, "산업부 장관, 탄소중립 핵심기술인 이산화탄소 포집·저장(CCS) 실증 현장 방문", 산업통상자원부 보도자료(2020년 12월 4일자), http://www.motie.go.kr/motie/ne/presse/press2/bbs/bbsView.do?bbs_cd_n=81&bbs_seq_n=163604.

- 산업통상자원부, 2021, "CCS 유망저장소 7.3억 톤으로 평가", 산업통상자원부 보도자료(2021년 11월 3일자), http://www.motie.go.kr/motie/ne/presse/press2/bbs/bbsView.do?bbs_cd_n=81&cate_n=1&bbs_seq_n=164779.

- 한국가스학회, 2021, 캐나다 앨버타주의 수소산업 현황 및 전망.

- 환경부, 2021, "2050 탄소중립을 위한 이정표 마련", 환경부 보도자료(2021년 10월 27일자), http://me.go.kr/home/web/board/read.do?boardMasterId=1&boardId=1483250.

- Alcalde, J., Flude, S., Wilkinson, M., Johnson, G., Edlmann, K., Bond, C.E., Scott, V., Gilfillan, S.M.V., Ogaya, X., and Haszeldine, R.S., 2018, Estimating geological CO_2 storage security to deliver on climate mitigation. Nature communications, 9(1), pp. 1–13.

- Bloomberg, N. E. F., 2020, Hydrogen Economy Outlook, Key Messages.

- CarbonNet, 2019, Offshore Appraisal Well – CarbonNet Project. Retrieved 14 June 2021, https://earthresources.vic.gov.au/__data/assets/word_doc/0011/502310/CarbonNet-Offshore-Appraisal-Well-information-sheet-November-2019.docx.

- Carman, G., Hoffman, N., Bagheri, M., and Goebel, T., 2015, Site characterisation for carbon storage in the near shore Gippsland Basin. Retrieved from www.energyandresources.vic.gov.au/carbonnet.

- Dawood, F., Anda, M., and Shafiullah, G. M., 2020, Hydrogen production for energy: An overview, International Journal of Hydrogen Energy, 45(7), pp. 3847–3869.

- Furre, A. K., Eiken, O., Alnes, H., Vevatne, J. N., and Kiær, A. F., 2017, 20 years of monitoring CO_2-injection at Sleipner. Energy procedia, 114, pp. 3916–3926.

- GCCSI, The Global Status of CCS: 2018, Australia.

- GCCSI, The Global Status of CCS: 2019, Australia.

• GCCSI, The Global Status of CCS: 2020, Australia.

• IEA, 2019, Transforming Industry through CCUS, IEA, Paris. Retrieved from https://www.iea.org/reports/transforming-industry-through-ccus.

• IEA, 2020a, The role of CCUS in low-carbon power systems, IEA, Paris. Retrieved from https://www.iea.org/reports/the-role-of-ccus-in-low-carbon-power-systems.

• IEA, 2020b, Hydrogen, Paris. Retrieved from https://www.iea.org/reports/hydrogen.

• IEA, 2021, Net Zero by 2050, IEA, Paris. Retrieved from https://www.iea.org/reports/net-zero-by-2050.

• IEAGHG, 2009, CO_2 Storage in Depleted Oilfields: Global Application Criteria for Carbon Dioxide Enhanced Oil Recovery, Report 2009/12, December 2009. Retrieved from http://www.ieaghg.org/docs/General_Docs/Reports/2009-12.pdf.

• IPCC, 1996, Climate Change 1995: The Science of Climate Change, Contribution of WGI to the Second Assessment Report of the Intergovernmental Panel on Climate Change, Cambridge University Press.

• IPCC, 2014, Climate Change 2014: Mitigation of Climate Change, Contribution of Working Group III to the Fifth Assessment Report of IPCC [Edenhofer et al. (eds.)], Cambridge University Press.

• IPCC, 2018, Global Warming of 1.5°C: An IPCC Special Report on the Impacts of Global Warming of 1.5°C Above Pre-industrial Levels and Related Global Greenhouse Gas Emission Pathways, in the Context of Strengthening the Global Response to the Threat of Climate Change, Sustainable Development, and Efforts to Eradicate Poverty.

• NOAA, 2021, "Trends in Atmospheric Carbon Dioxide". Retrieved 14 June 2021 from https://www.esrl.noaa.gov/gmd/ccgg/trends/mlo.html.

• Suncore Energy, 2021, "Suncor and ATCO partner on a potential world-scale clean hydrogen project in Alberta," Retrieved 14 June 2021 from https://www.suncor.com/en-ca/newsroom/news-releases/2226977.

• WMO, 2021, State of the Global Climate 2020 (WMO-No. 1264).

CO$_2$의 유체역학

02   CO$_2$의 유체역학

2장에서는 유체 동역학을 이해하기 위한 CO$_2$의 물성과 유동 특성에 대하여 소개하고자 한다. 2.1장은 CO$_2$의 물리적 물성과 화학적 특성을 다루며, 혼합물의 특성에 대해 설명하였다. 2.2장은 다공성 매질 내 유체 유동을 이해하기 위한 유체역학, 2.3장과 2.4장에서는 대염수층과 오일 저류층 대상의 CO$_2$ 주입 특성을 이해하기 위한 다상 유동 물성에 대하여 설명하고자 한다.

2.1 CO$_2$의 물성

CO$_2$는 대기 조건에서 무색, 무취, 비폭발성 가스이다. 또한 공기보다 밀도가 높고, 물에 용해되어 약산인 탄산이 되기도 한다. CO$_2$는 1개의 탄소 원소와 2개의 산소 원소로 이루어진 화합물로 분자식은 CO$_2$이다. 대기 중에는 약 0.04%로 소량 존재하며 식물과 동물의 생명주기에 필수적인 성분으로 지구환경에 중요한 역할을 한다. 예를 들어, 광합성 과정에서 식물은 CO$_2$를 흡수하고 산소를 방출하게 된다. CO$_2$를 배출하는 인위적인 활동에는 인간의 호흡이나 화석연료와 같은 탄소 함유물질의 연소, 설탕과 같은 유기화합물의 발효가 대표적이며, 자연적으로 CO$_2$가 배출되는 현상은 화산활동을 포함한 자연적인 탄소 순환이 대부분을 차지한다. 이 절에서는 위와 같이 일반적으로 실생활에서 활용되는 CO$_2$가 아닌 지중 저장이나 석유회수증진에서 활용할 때 기본적으로 이해해야 하는 CO$_2$의 물성에 대하여 설명하고자 한다.

2.1.1 CO₂의 물리적 물성

CO₂의 물리적인 특성은 표 2.1.1에 나타나 있다. CO₂는 탄소 원자 하나에 산소 원자 둘이 결합한 화합물이다. 분자의 형태는 직선형이며, 탄소 원자와 산소 원자 간의 결합 길이는 1.62Å이다. 순수 CO₂의 경우 밀도는 0°C, 대기압 조건에서 1.976g/L이며, 상온 상압 상태에서 무색 기체로 존재한다. 온도와 압력 변화에 따라 CO₂의 상대적인 부피와 상태는 변화하며, 순수 CO₂의 상태 변화는 그림 2.1.1과 같다. CO₂의 삼중점(triple point)은 −56.4°C/0.52MPa이고 임계점 (critical point)은 31.1°C/7.38MPa이다. CCS를 수행하기 위해서는 CO₂의 부피를 최대한 압축시킬 필요가 있으므로 충분한 압력을 받을 수 있는 깊은 지층을 대상으로 하며, 지층 안에서 CO₂의 상은 초임계 유체(supercritical fluid)로 존재할 수 있다. CO₂는 온도와 압력 변화에 따라 상 변화를 비롯하여 밀도, 점성도, 용해도가 변화될 수 있다(그림 2.1.2−2.1.4).

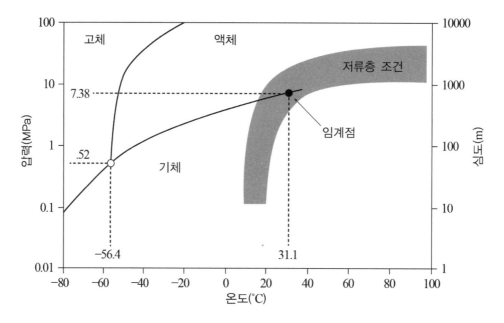

그림 2.1.1 CO₂의 압력−온도 상평형 그래프(Meer, 2005)

표 2.1.1 CO₂의 일반적 물성(NIST, 2021)

물성	값
분자량	44.0095
임계 온도	31.1°C
임계 압력	73.9bar
임계 밀도	467 kg·m⁻³
삼중점 온도	−56.5°C
삼중점 압력	5.18bar
끓는점(1.013bar)	−78.5°C
기체상	
가스 밀도(@STP)	1.976kg·m⁻³
비부피(@STP)	0.506m³·kg⁻¹
C_p(@STP)	0.0364 kJ(mol⁻¹·K⁻¹)
C_v(@STP)	0.0278 kJ(mol⁻¹·K⁻¹)
C_p/C_v(@STP)	1.308
점성도(@STP)	13.72(Pa·s)
열전도도(@STP)	14.65 mW(m·K⁻¹)
용해도(@STP)	1.716vol·vol⁻¹
엔탈피(@STP)	21.34kJ·mol⁻¹
엔트로피(@STP)	117.2J·mol·K⁻¹
표준 몰 엔트로피	213.8J·mol·K⁻¹
액체상	
기화 압력(at 20°C)	58.5bar
액체 밀도(at −20°C and 19.7bar)	1,032kg·m⁻³
점성도(@STP)	99(Pa·s)
고체상	
고체 밀도(어는점)	1,562kg·m⁻³
기화 잠열	571.1kJ·kg⁻¹

여기서, STP(standard temperature and pressure)는 0°C와 1.013bar를 의미한다.

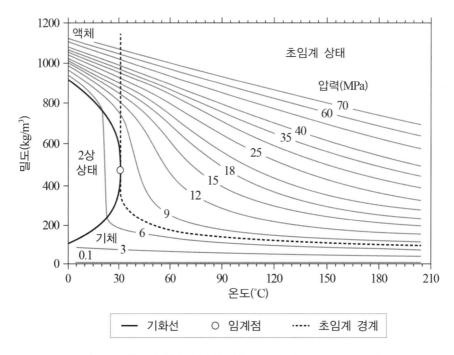

그림 2.1.2 온도와 압력 변화에 따른 CO_2의 밀도(Bachu, 2003)

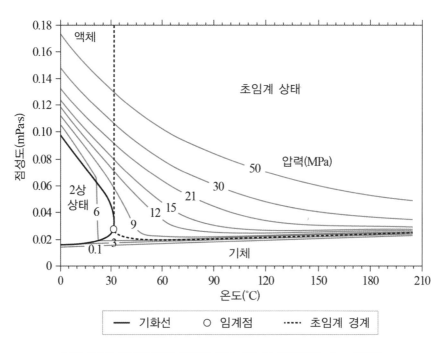

그림 2.1.3 온도와 압력 변화에 따른 CO_2의 점성도(Bachu, 2003)

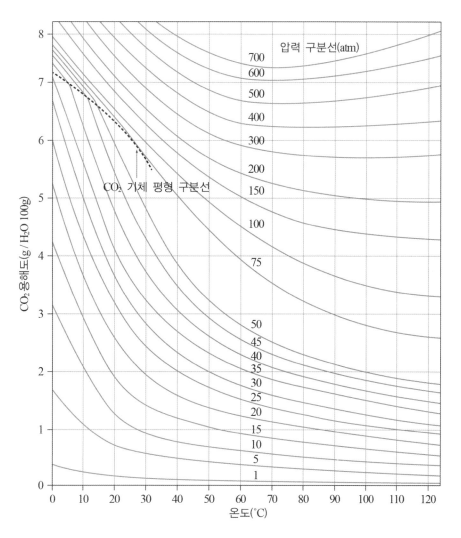

그림 2.1.4 온도와 압력에 따른 CO_2의 물 용해도(Kohl과 Nielsen, 1997)

2.1.2 CO_2의 화학적 물성

CO_2는 화학적으로 안정되어 활성이 낮은 기체다. 가스 상태의 CO_2의 생성열(heat of formation)은 $-393.51kJ \cdot mol^{-1}$이며, Gibbs 자유에너지는 $-394.4kJ \cdot mol^{-1}$이고, 표준 몰 엔트로피(standard molar entropy)는 $213.78J \cdot mol^{-1} \cdot K^{-1}$이다. 탄산 형태의 CO_2 수용액은 불안정하여 물에서 쉽게 분리된다. CO_2의 물 용해도는 온도 증가에 따라 감소하게 되며, 압력이 증가하면 용해도가 증가한다. CO_2가 담수, 해수, 지질학적으로 생성된 염수에 용해되는 경우, 기체 및 용존 이산화탄소(CO_2), 탄산(H_2CO_3), 중탄산염 이온(HCO_3^{3-}), 탄산염 이온(CO_3^{2-}) 상태로 존재

할 수 있으며 아래 식으로 표현될 수 있다.

$$CO_{2(g)} \leftrightarrow CO_{2(aq)}$$ 식(2.1.1)

$$CO_{2(aq)} + H_2O \leftrightarrow H_2CO_{3(aq)}$$ 식(2.1.2)

$$H_2CO_{3(aq)} \leftrightarrow H^+_{(aq)} + HCO^-_{3(aq)}$$ 식(2.1.3)

$$HCO^-_{3(aq)} \leftrightarrow H^+_{(aq)} + CO^{2-}_{3(aq)}$$ 식(2.1.4)

물에 CO_2를 주입하면 용해된 CO_2의 양이 증가하게 되며, 용해된 CO_2는 물과 반응하여 탄산이 된다. 탄산은 해리되어 중탄산염 이온을 형성하고 이것은 다시 탄산염 이온으로 해리될 수 있다. 그림 2.1.5는 탄산염과 중탄산염의 활성계수와 탄산/중탄산염/탄산염 평형 관계(Horne, 1969)를 이용해 계산한 CO_2의 농도에 따른 pH 변화를 보여준다. CO_2 농도가 증가함에 따라 해수의 pH가 감소하는 형태를 보이며, 0.01%의 CO_2 농도를 갖는 해수의 경우 25℃에서는 7.8~8.1, 0℃에서는 8.1~8.4의 범위를 갖는다. 따라서 CO_2 용해로 인한 pH 감소에 온도는 큰 영향을 주지 않는 것을 보여준다. 물에서의 이온화 과정은 압력도 어느 정도 영향을 미친다(Lide, 2000). 그러나 250bar(수심 2,500m) 이상의 압력이 가해지면 이온화에 미치는 영향이 미미해지므로 해당 압력 이상의 조건에서는 압력의 영향을 무시할 수 있다.

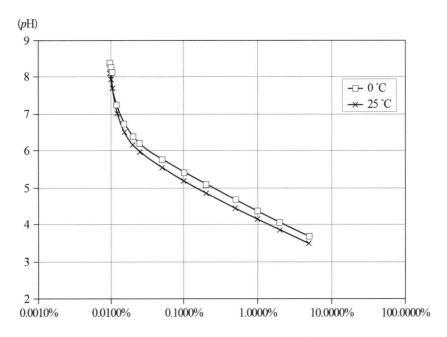

그림 2.1.5 해수에서의 CO_2 농도에 따른 pH 변화(Metz 등, 2005)

2.1.3 CCS에 영향을 주는 CO_2 혼합물의 물성

산업 현장에서 CO_2를 포집하는 경우, 일반적으로 불순물(CO_2를 제외한 나머지 성분)이 포함된 혼합물 상태로 포집하게 되며, 불순물의 존재는 CO_2의 점성도, 열전도도, 확산계수와 같은 열역학 물성에 영향을 미친다. 또한, 정화, 압축, 액상화, 운반, 저장 조건과 에너지 소비량이 바뀐다. 포집된 CO_2 속의 불순물의 종류와 양은 포집 공정에 따라 달라질 수 있다. 천연가스를 연소한 후 포집된 CO_2의 불순물은 주로 순수한 물로 이루어져 있으며, 산소 연료를 연소한 후 포집된 CO_2의 경우 산소와 질소 불순물의 비율이 높게 나타난다. 표 2.1.2에는 CO_2 포집 공정에 따라 발생할 수 있는 불순물 종류가 요약되어 있다.

표 2.1.2 CO_2 포집 공정에 따른 불순물 종류(Li 등, 2015)

#	설명	가능 불순물
1	천연가스에서 포집한 CO_2	CH_4, 아민류, H_2O
2	중질유에서 포집한 CO_2	H_2S, N_2, O_2, CO, H_2O, H_2, COS, Ar, SO_x, NO_x
3	발전소에서 연소 후 포집한 CO_2	N_2, 아민류, H_2O, O_2, NH_3, SO_x, NO_x
4	발전소에서 산소 연소 중에 포집한 CO_2	N_2, O_2, SO_2, H_2S, Ar
5	발전소에서 연소 전 포집한 CO_2	H_2, CO, N_2, H_2S, CH_4

1) CO_2 혼합물의 열역학적 특성

열역학적 특성은 평형상태의 균형에서 비롯된다. 즉 평형상태에서는 질량, 운동량, 에너지가 이동하지 않는다. 이것은 일반적으로 유체의 밀도, 특정된 온도, 압력 그리고 상평형 상태를 말하며, 여기서, 상평형이란 기체-액체 평형(vapor-liquid equilibrium; VLE), 고체-기체 평형(solid-vapor equilibrium; SVE), 고체-액체 평형(solid-liquid equilibrium; SLE)을 의미한다. 상평형 측정은 구성 물질들이 평형조성을 이루는 온도와 압력에서 측정되거나 온도와 압력이 평형을 이룬 상태에서 측정하며, VLE 상태에서의 온도, 압력, 액체의 비율, 기체의 비율의 범위는 표 2.1.3에 나타나 있다(Li 등, 2011).

표 2.1.3 CO_2 혼합물의 VLE 실험 결과(온도, 압력, x, y의 범위)(Li 등, 2011)

Mixtures	T(K)	P(MPa)	xCO_2(a)	yCO_2(a)	No.
CO_2/O_2	218.15~283.15	1.01~14.70	0.0~0.999	0.0~0.95	>100
CO_2/N_2	218.15~403.15	0.60~13.95	0.43~1.00	0.153~1.00	>100
CO_2/H_2O	276.15~642.7	0~310	0~0.99	0~0.99	>1000
CO_2/SO_2	295.15~338.45	2.12~6.43	—	0.75~0.93	>91
CO_2/H_2S	255.15~363.15	2.03~8.11	0.01~0.97	0.05~0.97	>100
CO_2/Ar	233.15~288.15	4.4~11.6	0.69~0.967	0.266~0.94	25
CO_2/CH_4	193.15~301	0.68~8.5	0.026~0.99	0.026~0.96	>100
CO_2/H_2	220~298.15	0~172	0.444~0.988	0.067~0.898	>300
CO_2/CO	223.15~283.15	2.39~13.08	0.631~0.957	0.213~0.827	22
CO_2/NH_3	413.35~531.15	4.25~81.67	0.023~0.333	—	62
CO_2/COS	NA				
CO_2/N_2O_4	262.15~293.15	0.17~0.67	0.005~0.021	—	8
CO_2/N_2O	293.15~307.15	5.3~7.2	0.258~0.881	0.258~0.881	>100
$CO_2/CH_4/N_2$	220~293.45	6~10	0.543~0.989	0.266~0.974	>100
$CO_2/O_2/N_2$	218.15~273.15	5.1~13	0~0.925	0~0.611	80
$CO_2/CO/H_2$	233.15~283.15	2~20	0.527~0.977	0.174~0.726	31
$CO_2/CH_4/H_2S$	222.15~238.75	2.07~4.83	0.108~0.776	0.024~0.543	16
$CO_2/MEA/H_2O$	273.15~413.15	0.101	0.06~0.30(b)	0.003~1.2(c)	560
$CO_2/MDEA/H_2O$	313.15~393.15	0.101	0.05~0.75(b)	0.01~1.8(c)	355

*(a) 몰분율
 (b) MEA(mono ethanol amine) / MDEA(Methyl diethanolamine)의 질량비
 (c) Solvent loading(mole CO_2 / mole MEA / MDEA)

2) CO_2 조건(CO_2 conditioning)

운송과 저장을 효율적으로 수행하기 위해서는 O_2, N_2, Ar과 같은 응축되지 않는 가스를 CO_2 스트림에서 제거할 필요가 있다. 여기서, CO_2 스트림은 포집, 수송, 저장을 위한 파이프라인 구간에서 이동하는 CO_2를 주성분으로 하는 유체 혼합물을 의미한다. 비응축성 가스를 물리적으로 분리하기 위해서는 일반적으로 CO_2 스트림 압축, CO_2 스트림 응축 및 액화, 비응축성 가스 분리로 이어지는 세 가지 단계가 수행되어야 한다. 이후 순도가 높은 CO_2 스트림을 저장 공간으로 운송한다. 물리적 분리의 원리는 비등방성 혼합물에 포함된 성분의 액체/가스 농도가 혼합물의 온도나 압력 변화에 따라 증가하거나 감소하는 성질을 이용하는 것이다. O_2, N_2, Ar을 함유한 CO_2 혼합물은 비등방성이기 때문에 분리막을 이용하여 물리적 분리가 가능하며, 이를 통해 CO_2 스트림을 정제할 수 있다. 비응축성 가스의 분리 과정에 미치는 영향은 작동 조건에 미치는 영향,

액체 CO_2가 제품의 순도에 미치는 영향, 분리 효율성에 미치는 영향, 시스템 구성에 미치는 영향에 의해 결정된다. 비응축성 가스를 CO_2 스트림에서 분리하는 것은 각 성분에 대한 상대적 변동성으로 나타낼 수 있으며 이는 다음과 같이 정의한다(McCabe와 Smith, 1976).

$$\alpha_{AB} = \frac{y_{Ae}/x_{Ae}}{y_{Be}/x_{Be}} \qquad\qquad 식(2.1.5)$$

여기서, α_{AB}는 두 가지 성분 혼합물이 평형상태에 있을 때 성분 B에 대한 A의 상대적인 변동성이고 y_{Ae}/y_{Be}와 x_{Ae}/x_{Be}는 각각 증기와 액체 단계에서 A/B의 몰 분율이다. N_2는 Ar과 O_2에 비해 상대적인 변동성이 높다. 즉 CO_2 혼합물로부터 N_2는 Ar과 O_2보다 더 쉽게 분리된다.

3) 압축(compression)

CO_2의 원활한 운송과 저장을 위해서는 충분한 압력이 가해져야 하며, 일반적으로 CO_2 스트림 내에서 14.5~150bar의 범위를 갖는다. 압축 작업은 크게 냉각을 통한 응축 작업과 펌프에 의한 가압 작업으로 진행되며, 이 과정에서 소량의 비응축성 가스가 사용된다(Visser 등, 2008). 압축을 위한 작업량은 기체 불순물의 농도에 따라 증가하며 O_2, N_2, H_2의 1% 농도에 대해서 약 2.5%, 3.5%, 4.5%의 추가 공정이 필요하다. 비응축 가스의 사용에 따라 추가적인 압축 작업이 필요하며, 수소가 사용되는 경우 작업량이 가장 크다. 따라서 CO_2 스트림 내 수소가 다량 포함될 경우 동일한 압력을 만들기 위해 더 많은 에너지가 필요하다.

4) 운송(transport)

CO_2의 운송 효율성을 올리려면 CO_2 혼합물을 고밀도 상태로 운반해야 한다. CO_2 혼합물의 선호 형태는 운송 조건에 따라 달라진다. 용기 내 운송을 위해 CO_2 혼합물은 저압이면서 액체 상태여야 한다. 파이프라인에서 CO_2 혼합물을 운반하는 경우 고압이면서 액체 상태가 에너지 측면에서 효율적이다. 어떤 운송 방법을 쓰든 안전한 운송을 위해서는 운송 과정 중에 상이 변화되는 것을 피해야 한다. 용기 내 CO_2의 안전한 운반을 위해 CO_2 비응축 불순물은 매우 낮은 함량을 유지해야 한다. 특히 CO_2 순도가 100%인 경우에도 CO_2는 다상으로 존재할 수 있으므로 용기의 운송 조건을 면밀히 조사해야 한다. 대부분의 CO_2는 초임계 상태로 운송하고 저장된다. CO_2

혼합물의 양은 CO_2 운송 및 저장의 효율성과 안전성에 상당한 영향을 미친다. 유효 CO_2 부피 (effective carbon dioxide volume; ECV)가 높을수록 CO_2를 더 효율적으로 운반할 수 있으며, 공극 매질 내 저장 효율도 증가시킬 수 있다. 또한 CO_2 혼합물의 밀도가 증가함에 따라 부력은 감소하게 되며, 저장소 현장의 상부 암반층에서 CO_2 누출을 줄이기 쉽다.

5) 저장(storage)

CO_2 불순물이 저장소에 미치는 영향은 저장소의 심도에 따라 달라진다. IEAGHG(2011)의 보고서에 따르면 불순물이 포함된 CO_2를 895m 심도의 지층에 저장할 경우, 순수 CO_2와 비교해 저장 용량이 최대 40%까지 감소할 수 있다. 즉 동일한 양의 CO_2를 저장하는 데 필요한 저장소 공간은 불순물 존재 여부에 따라 두 배 이상 차이가 난다. 그러나 지층의 심도가 증가하면 CO_2 저장 용량에 대한 불순물의 영향이 감소하게 되며, 3,802m의 심도에서는 불순물이 포함되더라도 순수 CO_2 저장량의 80%까지 저장될 수 있다. Nogueira와 Mamora(2008)의 실험연구에 따르면 CO_2가 고갈된 가스전에 저장되었을 때, N_2, O_2, H_2O, SO_2, NO_2, CO와 같은 불순물이 1% 정도 있더라도 순수한 CO_2와 동일한 양을 저장할 수 있다고 한다. 이는 일정 수준 이하의 불순물은 CO_2 저장량에 영향을 미치지 않는 것을 의미하고 분리 과정에 필요한 비용을 절감할 수 있다는 것을 뜻한다. 또한, 불순물의 존재에 따라 CO_2의 주입성이 달라질 수 있으며, 이는 밀도와 점도에 따라 달라진다. 불순물이 포함된 CO_2 스트림은 순수 CO_2보다 점도와 밀도가 낮아 주입성에 일부 영향을 주긴 하지만, 불순물이 저장 용량에 미치는 영향과 비교해 아주 작다고 볼 수 있다. 또한, 밀도와 점성도는 압력에 비례하고 온도에 반비례하기 때문에 주입 심도의 변화는 주입성에 영향을 거의 주지 않는다.

2.2 다공성 매질 내 유체역학

2.2.1 단상 유동(Single-phase Flow)

염수나 기타 지하 유체를 대체하는 CO_2의 유동을 분석하기 위해서는 매질을 통과하는 유체에 대한 이해가 필요하며, 수식을 이용해 CO_2 유동을 예측할 수 있다. 이 절에서는 다공성 매질에서의 기초 물리학과 정량 분석을 위한 수학적 해석에 대하여 학습하고자 하며, 저심도 대수층에서 지하수 유동이나 심부대수층의 염수 유동을 포함하였다.

1) Darcy 법칙

Darcy는 모래관을 이용해 실험적으로 관측한 결과를 1856년 발표했다. 그의 실험은 그림 2.2.1을 통해 표현될 수 있으며, 다섯 개의 중요한 물성이 존재한다.

- 유량(q_{Darcy}) : 모래관을 따라 흐르는 물의 단위시간당 부피[L^3T^{-1}]
- 높이(h) : 2개의 튜브에서 상승한 물의 높이[L]
- 단면적(A) : 모래관의 횡 단면적[L^2]
- 길이(l) : 모래관의 길이[L]
- 고도(z) : 모래관을 관통하는 튜브의 끝 위치의 위상 차이[L]

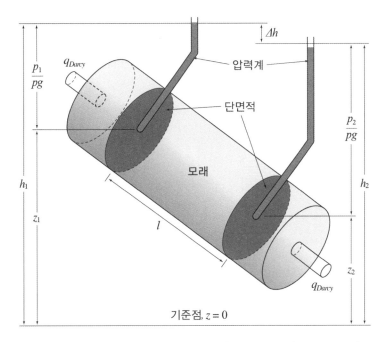

그림 2.2.1 Darcy의 모래관 실험 모식도(Nordbotten과 Celia, 2012)

Darcy는 여러 차례의 실험을 통해 일반적인 관찰 결과를 도출했다. 유량은 h_1과 h_2의 차이에 비례, 유량은 단면적에 비례, 유량은 모래관의 거리에 반비례함을 보였으며, 이를 통해 식(2.2.1)과 같이 정리하였다.

$$q_{Darcy} \sim \frac{A(h_2 - h_1)}{l} \Rightarrow q_{Darcy} \sim \kappa \frac{A(h_2 - h_1)}{l}$$ 식(2.2.1)

여기서, κ는 다공성 매질의 수리전도도라고 하며, 모래관이 가지고 있는 투과도를 설명할 수 있다. 앞의 수식을 단면적으로 나누면 새로운 물리량인 u로 표현할 수 있으며, 식(2.2.2)와 같다.

$$u \equiv \frac{q_{Darcy}}{A} = \kappa \frac{h_2 - h_1}{l} \qquad \text{식(2.2.2)}$$

u는 다공성 매질에서 단위 면적에 따른 유량이며, LT^{-1}으로 표현된다. 단위면적이나 단위시간에 기반하는 물리량을 흐름(flux)이라고 정의할 수 있으며, u는 부피 대비 단위 면적 및 단위시간을 의미하기 때문에 용적의 흐름이라 할 수 있다. 다만 차원으로 나타냈을 때 단위시간당 거리로 유속과 동일한 LT^{-1} 형태로 표기되지만, 그 의미가 다름에 유의할 필요가 있다. 유속은 유체로 가득 찬 단위 단면에서의 유동하는 유체의 부피지만 용적의 흐름인 u는 유체 부피를 총 단면(유체와 암석을 모두 포함)과 시간으로 나눈 값이다.

2) 수두(hydraulic head)

수두(h)는 중요한 물리량이다. 고온에서 저온으로 이동하는 열의 유동을 설명하는 Fourier의 법칙이나 용해된 성분이 고농도에서 저농도로 유동하는 Fick의 법칙처럼 공극 매질 내 유체는 수두가 높은 곳으로부터 낮은 방향으로 이동하며, 이것이 Darcy의 법칙의 기초 원리이다. 수두에 대한 기본 물리학을 이해하려면 작은 튜브(마노미터) 내에 존재하는 물을 고려해야 하며, 모래관과 연결된 끝 부분(z_1)과 반대편은 대기와 맞닿아 있다. 정상상태처럼 시스템이 안정된 상태라고 하면 마노미터 내의 물은 움직임 없이 정적인 상태이다. 수직 모래관 내 물은 정수압이라는 압력 분포를 가지며, 정수압의 분포는 유체 밀도와 중력에 의해 심도에 따라 압력을 증가시킨다. 마노미터 내 압력은 단위면적당 힘 $[FL^{-2}]$이며, 대기에 노출된 물의 표면에서부터 증가하며, 식(2.2.3)과 같이 표현된다.

$$p_{abs}(z) = p_{atm} + \rho g (h_1 - z) \qquad \text{식(2.2.3)}$$

여기서, p_{abs}는 절대압력$[FL^{-2}]$, ρ는 밀도 $[ML^{-3}]$, g는 중력가속도$[LT^{-2}]$, z와 h_1이 같으면 대기압이 된다. 절대압력은 진공상태인 0을 기준으로 측정된 값이다.

마노미터 끝에서 접촉된 모래관의 압력을 측정하는 식이며, $z = z_1$일 때 $p_{abs}(z_1) = p_{atm} + \rho g(h_1 - z_1)$이며, 힘의 균형에 의해서 마노미터 끝에서의 압력은 모래관에 접촉되고 있는 위치의 물의 압력과 같다. 그러므로 $z = z_1$의 위치에서의 물의 압력은 $p_{abs}(z_1)$으로 표현될 수 있다. 만약 모래관이 주어진 좌표 x에 따른 거리에 속해 있다고 하면 거리에 모래관 내의 압력은 일반적인 표현은 식(2.2.4)와 같다.

$$p_{abs}(x) = p_{atm} + \rho g(h(x) - z(x)) \qquad \text{식}(2.2.4)$$

3) 수리전도도(hydraulic conductivity)

수리전도도는 공극 매질의 중요한 물성으로 매질과 매질을 통과하는 유체 유동의 함수이다. 또한, 차원 분석을 통해 표현하면 식(2.2.5)와 같이 쓸 수 있다.

$$\kappa = \frac{k\rho g}{\mu} \qquad \text{식}(2.2.5)$$

μ는 유체의 동점성도[$ML^{-1}T^{-1}$], k는 공극 매질에 의존하는 영향인자[L^2]이며, 고유투과도(intrinsic permeability) 혹은 투과도(permeability)라고 한다. 투과도는 암석이나 토양의 매우 중요한 물성으로 차원은 L^2를 가지며 단위는 m^2, cm^2나 D(Darcy) 혹은 mD(millidarcy)로 표현된다. 1Darcy는 약 $10^{-12} m^2$이다. 지질학적 영향에 따라 깊이가 증가할수록 암석에 작용하는 압력이 증가하게 되기 때문에 투과도는 감소하는 경향을 보인다. 따라서 투과도는 심도에 따라 변할 수 있다.

4) 3차원 공간에서 Darcy 법칙의 확장

첫 번째 확장은 위에서 소개된 식(2.2.2)에 h_1과 h_2에 대한 차이가 수직적으로만 존재한다고 했을 때, 수두는 $h(z)$에 대한 함수로 표현될 수 있으며, Darcy의 법칙은 식(2.2.6)과 같이 쓸 수 있다.

$$u = -\kappa \frac{dh}{dz} \qquad \text{식}(2.2.6)$$

음의 부호는 유체 유동 방향이 수두가 높은 곳에서 낮은 곳으로 이동하는 데 기인한다. 모래관을 기반으로 한 Darcy의 실험을 고려했을 때 유체의 유동은 모래관의 축 방향으로 제한을 할 수 있다. 일반적으로 체적 유량은 벡터량이며, 3차원 공간에서 3개의 성분을 모두 포함하는 물성이다. 따라서 각 성분을 고려해 벡터를 작성하면, 성분은 u_i, 벡터를 e_i라고 하면 $u = [u_1; u_2; u_3] = u_1 e_1 + u_2 e_2 + u_3 e_3$으로 쓸 수 있다. 이것을 활용하여 Darcy의 법칙을 3차원 유동형태로 확장할 수 있으며, 만약 유동이 수두에 기인하고 높은 h에서 낮은 h로 유동한다면, 식(2.2.7)과 같이 표현할 수 있다.

$$\nabla h = \frac{\partial h}{\partial x_1} e_1 + \frac{\partial h}{\partial x_2} e_2 + \frac{\partial h}{\partial x_3} e_3 \qquad \text{식}(2.2.7)$$

또한 1차원 Darcy의 법칙을 3차원으로 확장하고, 등방성 수리전도도를 고려한다면, 유속 벡터는 식(2.2.8)과 같다.

$$u = -\kappa \nabla h \qquad \text{식}(2.2.8)$$

수리전도도가 이방성을 보인다면 방향에 따른 수리전도도에 대한 고려가 필요하며, 이는 수식상의 κ를 3×3 행렬로 표현하여 계산할 수 있다. 또한, 식(2.2.8)에 나타난 수리전도도와 투과도의 관계를 이용해 수식을 정리할 수 있으며, 유체 밀도, 유체 점성도, 중력가속도와 같은 스칼라 값과 수리전도도에 포함된 방향이 고려된 투과도를 사용할 수 있다. 따라서 단상 유동을 해석하는 최종식은 식(2.2.9)와 같이 쓸 수 있다.

$$u = -\frac{\kappa}{\mu}(\nabla p + \rho g \nabla z) \qquad \text{식}(2.2.9)$$

2.2.2 다상 유동(Two-phase Flow)

CO_2가 대염수층에 주입될 때 CO_2는 공극 안에 차 있는 염수를 밀어내고 공간을 차지한다. 이러한 과정에서 공극 규모의 유체-유체 간 계면이 형성될 수 있으며, 유체-유체 계면은 다상 유동에서 중요한 역할을 한다. 두 가지 유체가 다른 압력 상태로 공존하며, 계면에서는 두 물질 사이에

서 물질 이동이 일어난다. 공극 내에서 다양한 유체상의 존재는 물리적/화학적 시스템을 매우 복잡하게 만든다. 또한, 공극 매질 안에 두 유체가 공존할 경우 그림 2.2.2와 같이 암석 입자의 표면과의 접촉 면적이 더 큰 유체를 습윤상(wetting phase) 유체라고 하며, 다른 유체는 비습윤상(wetting phase) 유체라고 정의할 수 있다. 유체가 물일 때 습윤상을 보이는 경우 암석의 표면은 친수성(hydrophilic)이며, 반대일 때 소수성(hydrophobic)이라고 부른다. 암석 표면의 특성에 따라 습윤성이 달라지며, 유체의 유동 능력이 변하기 때문에 이에 대한 해석이 필요하다.

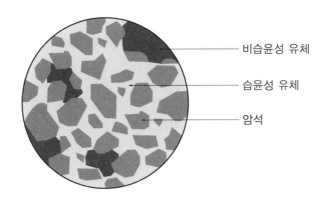

비습윤성 유체

습윤성 유체

암석

그림 2.2.2 공극 매질 내 유체와 암석의 분포(Nordbotten and Celia, 2012)

공극 매질 내 혼화되지 않는 2개 이상의 유체가 유동할 때 각 유체가 유동되는 정도는 다르다. 이는 유체포화도, 암석 입자의 습윤성 등에 기인하며, 각 유체가 유동할 수 있는 능력을 유효투과도로 표현한다. 물과 가스 2개의 비혼합성 유체가 유동될 경우 각 상이 유동될 수 있는 정도는 물 유효투과도 k_w와 가스 유효투과도 k_g로 표현된다. 각 유체의 상대투과도는 식(2.2.10)과 같이 유효투과도와 절대투과도의 비로 표현한다(성원모, 2009).

$$k_{ro} = \frac{k_o}{k}, \ k_{rw} = \frac{k_w}{k}, \ k_{rg} = \frac{k_g}{k} \qquad\qquad 식(2.2.10)$$

여기서, k_{ro}는 오일의 상대투과도, k_{rw}는 물의 상대투과도, k_{rg}는 가스의 상대투과도를 의미한다.

2.3 CO₂/염수 시스템에서 다상 유동과 관련된 물성

2.3.1 상대투과도(Relative Permeability)

상대투과도는 다상 유동에서 포화도에 따라 나타나는 특정 유체의 유효투과도와 절대투과도의 비로 표현된다. 대염수층을 대상으로 주입된 CO_2는 CO_2/염수 시스템에서는 CO_2 플룸(plume)의 이동에 따라 배출(drainage) 및 흡입(imbibition) 과정이 진행될 수 있다. 물의 포화도는 플룸의 끝에서 배수되는 동안에 감소하는 반면, 흡입하는 동안 물은 공극 공간으로 다시 이동하기 때문에 플룸의 가장 뒤쪽 가장자리에서 CO_2의 일부를 잔류시킨다. 이로 인해 분리된 CO_2는 충분한 포화가 되지 않으면 이동할 수 없으며, 배출과 흡입 과정에서 CO_2가 이동할 수 있는 최소 포화도에 차이가 발생하고 이것을 이력현상(hysteresis effect)이라고 부른다.

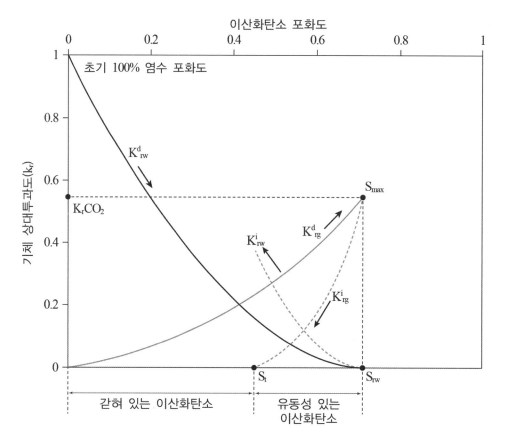

그림 2.3.1 흡입과 배출 과정을 나타낸 CO_2/염수 시스템에서의 상대투과도 곡선(Burnside and Naylor, 2014)

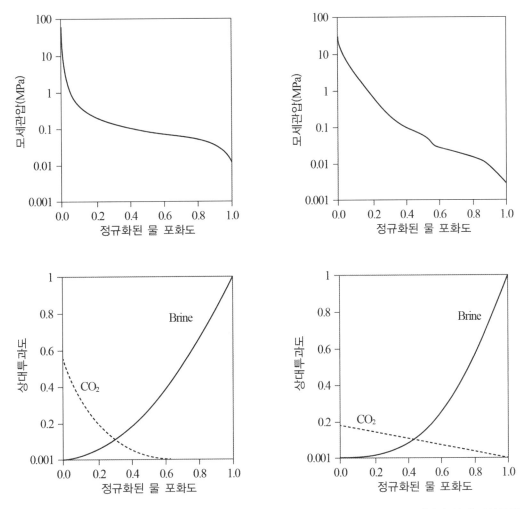

그림 2.3.2 염수-CO_2 시스템에서 모세관압과 상대투과도 곡선(좌: Basal 사암, 우: 앨버타 분지 탄산염암) (Nordbotten과 Celia, 2012)

염수로 완전히 포화된 암석 시료에 CO_2가 주입되는 동안 공극 내 염수가 빠져나가는 배출 과정이 일어나며, 염수 상대투과도는 짙은 회색의 실선(K_{rw}^i), 기체 상대투과도는 회색의 실선(K_{rg}^i)을 따른다. 이후 유동성을 갖는 CO_2 플룸이 이동하면서 염수가 공극으로 다시 유입되는 흡입 과정이 발생한다. CO_2 포화도가 감소함에 따라 염수와 기체 상대투과도는 점선(K_{rw}^i, K_{rg}^i)의 형태로 이동하며, 배출과 흡입 과정에서 최소 포화도의 차이가 생긴다. 이력현상의 결과 중 하나는 비습윤상에 대한 상대적인 투과도가 0이 될 수 있고 비습윤상 중 상당 부분이 공극에 갇혀 있을 수 있다는 것이다. 이러한 현상에 의해 유체를 공극 매질 안에 가두는 것을 잔류트랩이라고 하며 주입된 CO_2의 중요한 트랩 메커니즘에 포함된다(그림 2.3.1).

공극 매질 내에서 염수와 CO_2의 유동상은 2상 유동 시스템으로 존재하며, 상대투과도와 모세관압 모두 포화도에 따른 실험 데이터가 필요하다. 그림 2.3.2는 염수와 초임계상의 CO_2에 대한 상대 유체 투과도를 보여주며, 왼쪽은 앨버타 분지의 탄산염암에 대한 결과를 그리고 오른쪽은 Basal 사암층의 결과를 나타낸다. 모세관압 곡선은 흡입 조건에서 측정된 결과를 보여주며, 포화도는 식(2.3.1)을 이용해 유효 투과도를 이용해 정규화시킨 결과를 보여준다.

$$s_{b,N} = \frac{s_b - s_b^{res}}{1 - s_b^{res} - s_c^{res}} \qquad\qquad 식(2.3.1)$$

여기서, s_b는 염수의 포화도, s_b^{res}는 염수의 잔류 포화도, $s_{b,N}$는 정규화된 염수의 포화도, s_c는 CO_2의 포화도, s_c^{res}는 CO_2의 잔류포화도를 의미한다. 염수의 잔류 포화도는 두 예시에서 모두 30%가량을 보여주며, CO_2에 대한 상대투과도 영향은 차이를 보인다. Basal 사암은 절대투과도 대비 약 50% 정도의 값을 보였으며, 탄산염암의 경우 약 80%가 감소하였다. 이러한 투과도 감소 효과는 CO_2를 주입할 때 주입량을 결정하는 중요한 요인으로 작용하기 때문에 CO_2/염수 시스템에서 모세관압과 상대투과도 곡선을 취득하는 것이 매우 중요하다.

2.3.2 모세관압(Capillary Pressure)

모세관압은 서로 다른 상(phase) 간의 압력차로 정의되며, 일반적으로 포화도의 함수로 표현된다. 이러한 관계는 계면이 평형 조건에 도달했을 때 실험적으로 측정하거나, 포화도와 모세관압의 대수적인 관계를 이용해 동적 자료를 분석하여 도출하기도 한다. 일반적으로 모세관압은 직경을 알 수 있는 원형 튜브를 이용해 측정하며, 모세관압 곡선은 힘의 평형 관계를 기반으로 한 Young-Laplace 수식을 통해 도출할 수 있다. 사용하는 원형 튜브의 반경이 r_{eff}라고 하면 최대 모세관압은 아래의 수식을 이용해서 계산할 수 있다.

$$(p_{nw} - p_w)_{\max} = (p_c)_{\max} = \frac{2\gamma\cos\theta}{r_{eff}} \qquad\qquad 식(2.3.2)$$

여기서, p_{nw}는 비습윤상의 압력, p_w는 습윤상의 압력, p_c는 모세관압, γ는 두 유체 간의 계면장력(interfacial tension; IFT)이며, θ는 공극의 고체 표면에서 만들어지는 접촉각(contact angle)을 말한다. 모세관압이 클수록 계면의 변형 정도가 심하며, 계면에서 압력의 차이가 발생하지 않는 경우 계면은 평평해진다. 다공성 매질은 다양한 크기의 공극을 가지며 이는 모세관압에 영향을 준다. 따라서 다양한 크기의 공극에서 다양한 $(p_c)_{max}$을 갖는다.

2.3.3 계면 특성(Interfacial Properties)

다상 시스템에서 모세관압은 각 성분의 표면에서 발생하는 장력인 계면장력에 따라 결정될 수 있다. 계면장력은 서로 다른 성분이 접하는 경계면에서 면적을 감소시키려는 방향으로 작용하는 힘을 나타낼 수 있다. 일반적으로 CO_2/염수 시스템에서 계면장력은 상온조건에서 압력에 따라서 25mN/m에서 45mN/m를 보이며, 압력과 반비례 관계를 보인다. 공기-물의 계면장력이 대략 70mN/m임을 고려했을 때 CO_2/염수 시스템의 계면장력은 비교적 낮다. 그림 2.3.3과 같이 계면장력은 압력과 온도의 함수로 표현되며, 유체 간 밀도비와 점성도비의 관계로도 설명될 수 있다. 앞서 식(2.3.2)에서 설명했듯이 계면장력과 모세관압은 서로 비례하는 형태를 보이기 때문에 계면장력의 변화는 CO_2/염수 시스템의 다상 유동에 영향을 준다.

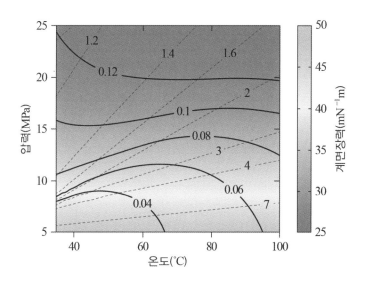

그림 2.3.3 압력, 온도, 밀도비(직선), 점성도비(곡선)에 따른 계면장력의 변화(Li 등, 2012)

2.3.4 암석 지구화학 반응(Rock Geochemical Reactions)

순수한 CO_2는 약반응성을 보이지만 염수에 녹아 H_2CO_3가 형성되면 약산성 조건이 되며, 광물과 반응할 수 있는 조건이 만들어진다. pH가 낮아진 염수가 암석에 접촉하게 되면 선택적인 반응 현상이 나타날 수 있으며, 마치 산성비가 내릴 때 탄산염암으로 형성된 건물이 먼저 피해를 받는 것과 유사하다. 일반적으로 800~2,000m의 심도를 갖는 염수층은 대략적으로 100,000~300,000ppm 의 염도를 나타낸다. 염수층 내의 공극 유체, CO_2 그리고 암석 간의 내부반응은 염수층의 화학적, 광물학적 구조에 중요한 변화를 미친다. 앞서 서술한 대로 염수층에 주입된 CO_2는 염수의 pH를 낮추게 되고 이는 일부 광물의 용해를 야기한다. 사암의 경우에는 회장석(anorthite)과 알바이트 (albite), 그리고 K-장석과 같은 장석광물에 막대한 영향을 주며, 그림 2.3.4에 나온 것처럼 8,000년, 22,000년, 100,000년 이후에 완전히 사라지는 것을 확인할 수 있다. 점토 광물의 경우 녹니석이 산성 환경에서 가장 반응성이 높으며, 8,000년 뒤에 완전히 사라지는 것을 확인할 수 있다. 탄산염 광물의 경우 굉장히 빠른 시간에 용해되며 석회석은 70년 만에 전부 사라지는 것을 확인할 수 있다. 2차 광물에서도 광물의 종류와 성질에 따라 용해가 되는 것을 확인할 수 있으며, 이러한 영향으로 인해 암석 내부의 구조가 변화할 수 있다. 산성 환경이 조성될 때 변화하는 암석 의 구조 및 물성은 CO_2 격리 시 고려될 필요가 있으며, 다양한 암석 지구화학 반응을 고려해야 한다. CO_2-염수-암석의 지구화학 반응은 두 개의 단계로 구성된다. 주된 반응은 첫 번째 단계에 서 일어나며, 석회석, 철백운석, 녹니석 그리고 장석 광물이 여기에 해당한다. 탄산염 광물인 능 철석, 일라이트 등은 1단계 반응을 통해 나타난 결과물이며 이후 CO_2, 물과 반응하는 2단계 반응 을 거쳐 반응물을 형성하게 된다. 탄산염 광물의 침전물이 형성되는 경우 CO_2는 광물화되어 염수 층에 격리될 수 있다. CO_2 지질 저장 프로젝트의 타임 스케일이 5,000~10,000년 이상이 될 때는 탄산염 광물의 침전은 매우 중요할 수 있다.

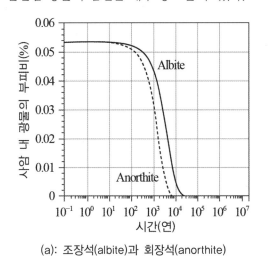

(a): 조장석(albite)과 회장석(anorthite)

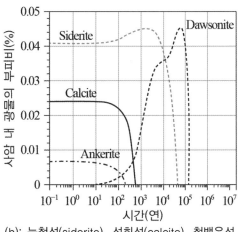

(b): 능철석(siderite), 석회석(calcite), 철백운석
(ankerite), 도오소나이트(dawsonite)

그림 2.3.4 CO_2 용액에 의한 사암 내 광물의 존재도(Huixing 등, 2019)

2.4 CO_2/오일 시스템에서 다상 유동 물성

2.4.1 CO_2-EOR

CO_2-EOR은 저류층에 CO_2를 고압으로 주입함으로써 기술적 회수 가능 자원량을 증가시키는 기술로 경질유가 부존된 저류층에 적용할 수 있는 가장 적합한 기술로서 입증이 되어 왔다(한반석과 이정환, 2014). 또한 CO_2-EOR은 오일을 밀어내고 난 후 공극 공간에 CO_2를 저장할 수 있어 오일의 추가적인 회수와 함께 CO_2를 지층에 저장하는 두 가지 효과를 가져올 수 있다. 최근 들어 온실가스 저감에 대한 필요성이 대두되면서 CO_2 처분에 따른 수익창출이 가능해졌으며, 이에 따라 CO_2 저장량 및 오일 회수율을 동시에 고려하는 광구운영(CCS-EOR operation optimization) 설계가 제안되고 있다(이원석과 홍용준, 2020). CO_2는 다른 가스에 비해 상대적으로 가격이 저렴하고 저류층에 주입되는 다른 가스보다 더 낮은 압력에서 혼화 상태(miscible state)가 이루어지기 때문에 다양한 조건의 저류층에서 이용할 수 있는 장점이 있다. CO_2-EOR은 주입된 CO_2와 저류층 내 잔존 원유의 혼화 여부에 따라 두 가지로 분류될 수 있다. 혼화 CO_2-EOR은 주입 CO_2와 원유가 완전히 혼화되어 계면장력과 오일의 점성도 감소로 오일의 유동성을 개선하고 잔류 오일을 줄여 회수율을 증가시키는 방법이다. 비혼화 공법의 경우 CO_2로 포화된 오일이 팽창하면서 발생하는 점성도의 감소를 통해 유동도비를 개선해 오일의 추가적인 회수를 유도하는 방법이다. CO_2 주입에 따라 오일에 발생하는 주요 현상은 계면장력 감소, 오일 점성도 감소, 오일 팽창 등이 있다.

2.4.2 상대투과도

CO_2/오일 시스템에서 상대투과도는 Corey의 곡선을 이용해 표현할 수 있으며, 잔류 포화도, 최대 상대투과도, 곡선계수인 λ를 이용해 식(2.4.1)과 식(2.4.2)처럼 나타낼 수 있다.

$$k_{rg}(S_t) = k_{rg}^{\max}\left(1 - \frac{S_t - S_{tr}}{1 - S_{tr} - S_{gr}}\right)^{\lambda} \qquad \text{식}(2.4.1)$$

$$k_{rog}(S_t) = k_{rn}^{\max}\left(\frac{S_t - S_{tr}}{1 - S_{tr} - S_{gr}}\right)^{\lambda} \qquad \text{식}(2.4.2)$$

여기서, S_t는 총 액체포화도($S_o + S_{wr}$), S_w는 물 포화도이며, S_{tr}는 총 액체 잔류포화도이고 S_{or}(오일 잔류포화도)와 S_{wr}(물 잔류포화도)의 합을 의미한다.

2.4.3 유동도비(Mobility Ratio)

유동도비는 저류층 내 다른 유체를 주입하여 오일을 밀어낼 때 공극 매질 내에서 밀려난 유체와 주입된 유체의 유동도를 비교하며, 식(2.4.3)과 같다.

$$M = \frac{(k_r/\mu)_{displacing\ fluid}}{(k_r/\mu)_{displaced\ fluid}}$$

식(2.4.3)

여기서, M은 유동도비, displacing fluid는 밀어내는 유체, displaced fluid는 밀려나는 유체의 물성을 의미한다.

일반적으로 수행되는 수공법을 예시로 했을 때, 밀려나는 유체는 오일이며, 유입되는 유체에 비해 높은 점성을 갖기 때문에 M > 1의 결과를 보인다. 유동도비가 1보다 높은 경우 주입된 물이 빠른 돌파를 통해 생산정에 빠르게 도달하는 점성수지(viscous fingering)가 발생할 수 있으며, 거시적 접촉 효율(macroscopic displacement efficiency)을 낮추게 된다. CO_2를 주입하는 경우 CO_2가 물보다 더 낮은 점성도를 보이기 때문에 CO_2와 접촉된 면의 오일에 팽창 효과가 적용되더라도 점성수지는 더욱 심화될 수 있다. 점성수지는 빠른 CO_2 돌파를 일으키며 오일의 생산을 낮출 뿐만 아니라 거시적 접촉 효율을 떨어뜨린다. 일반적으로 점성수지를 줄이기 위해 conformance control을 수행하며, 이는 높은 투과도를 가진 지층이나, 절리로 흐를 수 있는 선택류의 유동 경로를 임의로 막아줌으로써 수행될 수 있다. 또한, 상대투과도나 유입되는 유체의 점성도를 변화함으로써 유동도비를 1 이하로 낮출 수 있으며 이는 점성수지를 방지하거나 효과를 감소시킬 수 있다. 유동도비를 조절하는 대표적인 방법에는 WAG(water altering gas) 주입 공법이 있으며, CO_2와 물을 교대로 주입하는 방식이다. 물과 CO_2의 교대 주입 결과 공극 내의 물의 포화도를 높이고 CO_2의 포화도를 감소시킬 수 있다. 다른 방법으로는 CO_2의 점성도를 직접 변화시키는 방법이 있으며, 화학첨가제를 이용해 점성도를 조절할 수 있다.

2.4.4 혼화성(Miscibility)

혼화성은 2종 이상의 액체를 혼합할 때 서로 용해하여 합쳐지는 성질이나 능력을 말하며, 두 가지 이상의 물질이 함께 섞였을 때 단일의 상을 형성하는 것을 말한다(IFT = 0 mN/m). CO_2를 저류층에 주입해 오일과 만나게 되면, 두 물질 간에 연속적인 물질 이동이 발생한다. 그림 2.4.1 과 같이 주입된 순수한 CO_2는 오일과 만나게 되며, 주입정에서부터 생산정에 도달할 때까지 순수 CO_2 구간, CO_2가 오일 성분을 기화하는 구간, 유사 임계 구간(혼화성을 보이는 구간), CO_2가 오일 성분을 응축하는 구간이 만들어진다. 주입된 CO_2는 오일에서 일정 성분을 추출할 뿐만 아니라 일부는 오일 상으로 진입하게 된다. 이러한 두 물질 이동의 메커니즘(혼합 드라이브나 기화-응축 드라이브)은 CO_2가 저류층 오일의 혼화성을 증가시키는 가장 일반적인 방식이다(그림 2.4.1).

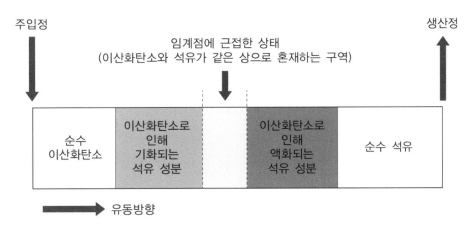

그림 2.4.1 CO_2-오일 혼화성에 따른 저류층 내 혼합(기화-응축) 드라이브 메커니즘의 모식도(Saini, 2017)

일부 케이스의 경우 그림 2.4.2와 같이 오일 중 일부 성분을 추출하거나 기화 드라이브 메커니즘이 지배적인 형태로 나타나는 경우가 있다. 기화 드라이브 메커니즘은 CO_2가 오일에 접촉할 때 물질 전달이 발생하고 오일 내 가벼운 성분들(C_2-C_6)이 기화되어 가스상으로 추출되는 것을 의미한다. 또한, CO_2가 오일상으로 진입하거나 그림 2.4.3과 같은 응축 드라이브 메커니즘만으로도 생산이 진행될 수 있으며, CO_2가 오일에 접촉할 때 물질 전달이 발생하고 오일 내 중간계면 성분들이 응축하게 되어 오일의 비중이 낮아지는 현상을 보인다(한반석과 이정환, 2014).

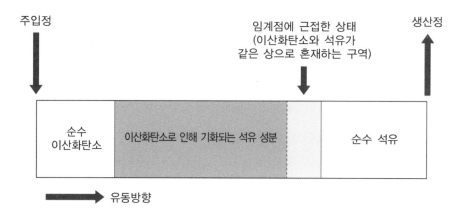

그림 2.4.2 CO₂-오일 혼화성에 따른 저류층 내 기화 드라이브 메커니즘의 모식도(Saini, 2017)

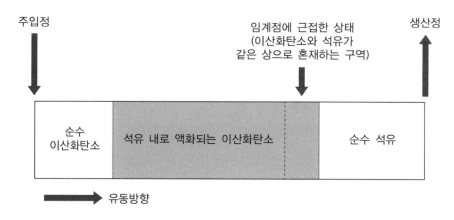

그림 2.4.3 CO₂-오일 혼화성에 따른 저류층 내 응축 드라이브 메커니즘의 모식도(Saini, 2017)

그러나 혼화성 조건은 주입된 CO_2와 저류층 오일의 다양한/반복적 접촉을 통해서 만들어질 수 있으며, 이것을 다중 접촉 혼화성(multiple-contact miscibility)이라고 부른다. 만약 주입된 CO_2와 저류층 오일이 다중 접촉의 과정 없이 혼화 조건에 도달하면 최초 접촉 혼화성(first-contact miscibility)이라고 한다. 최초 접촉 혼화성은 한 번만 존재하는 시점이며, 실제 저류층 내부로 주입된 CO_2가 주입정에서부터 저류층 깊은 곳까지 다다를 때 오일과 다중 시간 동안 접촉해야 한다. 그러므로 실현 가능한 목적을 달성하기 위해서는 다중 혼화성을 계산할 필요가 있다. 주입된 CO_2와 저류층 사이에 다중 접촉 혼화성을 만들기 위한 저류층 조건을 최소 혼화 압력(minimum miscibility pressure; MMP)이라고 한다. MMP는 혼화 CO_2 주입을 기반으로 한 EOR이나 지중 저장 프로젝트의 성공 여부를 결정하는 중요한 요소이다. MMP는 라이징 버블

장치(rising bubble apparatus; RBA)를 사용하거나 미세관 시험(micro slim-tube test), 다중 접촉 실험(multi-contact experiment)과 같은 전통적인 측정 방법을 통해 산출할 수 있다. 또한, 계면장력 감소법(vanishing interfacial tension; VIT)을 이용해 측정하기도 한다. VIT 기술은 펜던트 드랍(pendant drop) 방식과 모세관 상승 실험을 결합한 기술로 압력에 의존적인 CO_2와 오일의 계면 장력 거동을 실험적으로 분석하는 방법이다. MMP에서는 주입된 CO_2와 오일 사이에 계면이 존재하지 않는다는 의미이며, 즉 계면 장력이 0이 되어야 한다. VIT는 일반적으로 고온 고압 하에서 유체의 형상을 확인할 수 있는 실린더 안에서 수행되는 실험 자료를 바탕으로 하며 압력에 따른 두 상 사이의 계면 장력을 직접적으로 제공한다. 그림 2.4.4와 같이 저류층 압력 조건에서 압력이 증가하게 될 때 IFT는 감소하게 되며, 5~10개의 압력 포인트와 외삽법을 이용해 MMP를 도출할 수 있다.

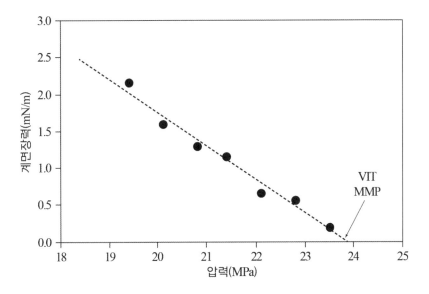

그림 2.4.4 외삽법을 통해 계면장력이 0이 되는 MMP를 도출하는 VIT 방법 예시(Rao, 2016)

| 참고문헌 |

- 이원석, 홍용준, 2020, 이산화탄소 회수증진-저장 최적화를 위한 머신러닝 기법 적용연구, 한국자원공학회지, 57(6), pp. 564-574.

- 한반석, 이정환, 2014, CO_2-EOR 기술특성 및 현장사례 분석, 한국자원공학회지, 51(4), pp. 597-609.

- Bachu, S., 2003, Screening and ranking sedimentary basins for sequestration of CO_2 in geological media in response to climate change. Environmental Geology, 44, pp. 277-289.

- Burnside, N.M., and Naylor, M., 2014, Review and implications of relative permeability of CO_2/Brine systems and residual trapping of CO_2, International Journal of Greenhouse Gas Control, 23, pp. 1-11.

- Horne, 1969, Marine Chemistry, Inter-science, New York, USA.

- Huixing, Z., Tianfu, X., Hailong, T., Guanhong, F., Zhijie, Y., and Bing Z., 2019, Understanding of Long-Term CO_2-Brine-Rock Geochemical Reactions Using Numerical Modeling and Natural Analogue Study, Geofluids, Vol. 2019, pp 1-16.

- IEA Greenhouse Gas R&D Programme, 2000, Capture of CO_2 using water scrubbing. Report Ph3/26, IEA Greenhouse Gas R&D Programme, Cheltenham, UK.

- IEAGHG, 2011, Effect of impurities in geological storage of CO_2, IEAGHG, Cheltenham, UK.

- Kohl, A. L., and R. B. Nielsen, 1997, Gas Purification. Gulf Publishing Company, Houston, TX, USA.

- Li, H., Jakobsen, J.P., Wilhelmsen, ϕ., and Yan, J., 2011, PVTxy properties of CO_2 mixtures relevant to CO_2 conditioning and transport: review of available experimental data and theoretical models. Application Energy, 88 (11), pp. 3567-3579.

- Li, H., W, O., and Yan, J., 2015, Properties of CO_2 Mixtures and Impacts on Carbon Capture and Storage, Handbook of Clean Energy Systems. John Wiley & Sons, Ltd., Hoboken, NJ, USA.

- Li, X., Boek, E.S., Maitland, G.C., and Trusler, J.P.M., 2012, Interfacial Tension of (Brines + CO_2): $CaCl_2$ (aq), $MgCl_2$ (aq), and Na_2SO_4 (aq) at Temperatures between (343 and 423) K, Pressures between (2 and 50) MPa, and Molalities of (0.5 to 5) $mol \cdot kg^{-1}$. Journal of Chemical & Engineering Data, 57, pp. 1369-1375.

- Lide, D., 2000, Handbook of Chemistry and Physics, The Chemical Rubber Company, CRC

Press LLC, Boca Raton, FL, USA.

• Meer, B., 2005, Carbon Dioxide Storage in Natural Gas Reservoirs, Oil & Gas Science and Technology, 60(3), pp. 527-536.

• Metz, B., Davidson, O., Coninck, H., Loos, M., and Meyer, L., 2005, IPCC Special Report on Carbon Dioxide Capture and Storage, Cambridge University Press, Cambridge, UK.

• McCabe, W.L., and Smith, J.C., 1976, Unit Operations of Chemical Engineering, McGraw-H ill Kogakusha, Ltd., Tokyo, Japan.

• NIST, 2021, National Institute of Standards and Technology Chemistry WebBook: Standard Reference Database Number 69, https://webbook.nist.gov/chemistry/#Changes.

• Nogueira, M., and Mamora, D.D., 2008, Effect of flue-gas impurities on the process of injec tion and storage of CO_2 in depleted gas reservoirs. ASME Journal of Energy Resources Techn ology, 130 (1), pp. 11-15.

• Nordbotten J. M., and Celia M. A., 2012, Geological Storage of CO_2 Modeling Approaches for Large-Scale Simulation, First Edition. USA.

• Rao, D. N., 1997, A new technique of vanishing interfacial tension for miscibility determina tion, Fluid Phase Equilibium, 139, pp. 311-324.

• Saini, 2017, Engineering Aspects of Geologic CO_2 Storage, SpringerBriefs in Petroleum Geos cience & Engineering.

• Visser, E., Hendriks, C., Barrio, M., Mølnvik, M., Koeijer, G., Liljemark, S., and Gallo., Y., 2008, Dynamis CO_2 quality recommendations, International Journal of Greenhouse Gas Control, 2, 478-484.

CO$_2$ 트랩 메커니즘

03 CO_2 트랩 메커니즘

    CO_2 지중 격리(geological sequestration)가 가능한 저장 지층에는 심부 대염수층(deep saline aquifer), 고갈 유가스전(depleted oil and gas field), 채광이 불가한 석탄층(unmineable coal seams), 회수증진법이 적용 가능한 유전이 있다(IPCC, 2007). 이러한 저장 지층에 CO_2를 격리하기 위해 요구되는 사항은 크게 3가지로서 저장 용량, 주입성, 누출 방지이다. 저장 지층은 대량의 CO_2를 저장할 수 있는 적절한 공극부피를 제공하여야 하며, 이는 저장 지층이 양호한 공극률과 넓은 면적 및 상당한 두께를 가져야 한다는 의미이다. 주입성은 대상지층이 높은 투과성 암석으로 구성되어 낮은 정두압력으로도 원하는 주입량을 유지할 수 있는 능력이다. 누출 방지를 위해서는 저장 지층 상부에 저투과성 덮개암(low-permeable caprock)이나 차폐단층(sealing fault)이 존재해야 한다. 주입된 CO_2는 주변의 지하수에 비해 낮은 밀도를 가지며 이로 인한 부력 때문에 상부로 유동하는 경우, 이를 방지할 수 있는 덮개암이나 단층이 없다면 주입된 CO_2의 누출이 발생되게 된다. 이러한 관점에서 적정 주입지층은 최소 1,000년간 누출률(leakage rate)이 연간 0.1% 이하로 CO_2 격리가 가능한 지층이어야 하며, 격리효율(sealing efficiency)과 덮개암의 장기간 안정성(long-term integrity)은 사업승인과 개발가능성 측면에서 중요한 인자이다. 덮개암을 통한 누출은 4가지 경우로 발생된다. 1) 확산 유출(diffusive loss), 2) 모세관 돌파압력 (capillary breakthrough pressure)을 초과한 공극으로의 유출, 3) 단층(faults)이나 균열 (fractures)을 통한 유출, 4) 주입정 또는 폐공을 통한 유출이 그것이다.

일반적으로 지층의 주입 효율성을 높이기 위해 CO_2는 초임계상으로 주입되게 되며, 이는 초임계 CO_2가 가스상보다 밀도가 높기 때문이다. 초임계 CO_2는 31.6°C, 7.4MPa 이상의 조건에서 존재하며 이 상태에서는 액상과 같은 물성을 가지나 가스상처럼 유동하게 된다. 특히 초임계상에서는 가스상보다 높은 밀도를 가지며 지층수와의 부력차이를 감소시킬 수 있다(Grobe 등, 2009). 주입된 CO_2는 지층의 압력과 온도 조건에 따라 상변화(phase change)가 발생할 수 있으며 압축 가스, 액체, 초임계 상의 형태로 존재할 수 있다. 주입 초기에는 대부분의 CO_2가 유동 가능한 형태로 존재하며 수평 방향이나 상부의 덮개암 방향으로 자유롭게 유동된다. 이 과정에서 지층수와의 접촉이 발생하게 되고, 이때 CO_2가 공극 내에 갇히게 되는 현상과 지층수에 용해되는 현상이 발생된다. 또한 장기적으로는 지층 내 광물과 반응하여 새로운 형태로 변화될 수도 있다. 이러한 격리 메커니즘은 크게 물리적 트랩(physical trap)과 지화학적 트랩(geochemical trap)으로 구분될 수 있으며 본 장에서는 지층 내에 CO_2 격리 메커니즘을 소개하고 각 메커니즘별 주요 고려인자와 그 영향을 설명하고자 한다.

3.1 물리적 트랩(Physical Trap)

물리적 트랩은 CO_2가 대염수층에 주입 이후에 물리적 상태를 유지하는 프로세스로서 구조트랩(structural trap)과 잔류트랩(residual trap)으로 세분화된다. 일반적으로 물리적 트랩이 발생되는 기간은 100년 이내로 알려져 있다(Juanes 등, 2006).

3.1.1 구조트랩(Structural Trap)

구조트랩은 지중 격리 메커니즘 중 가장 초기부터 발생되며, 수백만 년 이상 오일과 가스를 안정적으로 저장하는 석유 저류층의 메커니즘과 유사하다. 이 메커니즘은 주입된 CO_2가 초임계상이나 가스상으로 유동하다가 저투과성 덮개암을 가진 배사구조나 차폐단층에 막혀 더 이상 유동되지 못하고 갇히게 되는 메커니즘이다. 주입 기간 동안에는 점성력(viscous forces)이 CO_2 이동에 주요하게 작용하며, 심도에 따른 압력과 온도조건에 따라 초임계상이나 가스상으로 CO_2가 존재하게 된다. CO_2 주입이 종료된 이후에는 CO_2가 지층수에 비해 밀도가 낮기 때문에 상부로 이동하는 부력이 발생되며, 다공성의 투과성 암석을 통해 상부로 이동하게 된다. 상승하던 CO_2는 모세관 치환압력이 부력보다 높은 저투과성 덮개암이나 차폐 단층을 만나면 수평적으로 퍼져나가게 된다. 따라서 이러한 구조적(structural) 혹은 층서적(stratigraphic) 특성에 의해 CO_2는 수직이나 수평적으로 집적되어 격리될 수 있다(그림 3.1.1). 구조트랩을 층서 트랩과 구분하여 명칭하기도 하며, 이 경우 구조트랩은 퇴적층이 쌓인 후 강한 압력이나 지질학적 과정의 2차적인 구조 운동(습곡, 단층 등)에 의하여 형성된 구조이며, 배사구조(anticline), 단층(fault), 돔(dome) 등의 형태가 있다. 층서 트랩은 구조트랩과는 달리 층서적 변화나 암상의 변화에 의한 것으로서, 핀치아웃 트랩(pinchout trap), 리프 트랩(reef trap), 부정합 트랩(unconformity trap), 암염돔 트랩(salt diapirs trap) 등이 있다. 구조트랩은 주입된 CO_2가 덮개암에 의해 누출이 방지되고, 다른 메커니즘이 작용하기 위해 필요한 시간을 확보하는 측면에서 매우 중요하기 때문에 저장부지 결정에 있어 전제조건이 된다.

여기서 트랩 효율은 고투과성 매질과 저투과성 매질이 교호되어 복잡한 유동 특성을 갖는 퇴적분지의 구조에 의해 결정된다. 다양한 형태의 구조트랩이나 층서 트랩이 존재하며 때로는 이들이 복합적으로 존재하여 물리적으로 CO_2를 격리할 수 있다. 일반적인 구조트랩의 형태는 배사구조나 막힌 단층으로 나타나며, 돌파압력이 초과하기 이전에는 누출지점(spill point)까지 CO_2의 저장이 가능하다.

구조나 층서 트랩은 수백만 년 동안 안정적으로 오일과 가스를 저장한 저류층에서 가장 많이 발견되며, 이러한 저류층에서 저장 용량은 공극부피에 달려 있다. 지층에 주입된 CO_2의 부피는 부력에 의해 상부로 이동하여 지표면에 도달하기까지 수백만 년이 걸릴 수 있으며 이 경우 저장

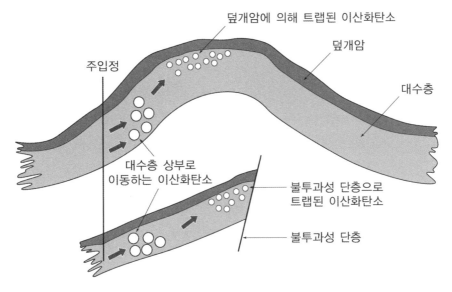

그림 3.1.1 구조트랩에 의한 격리 개념도

용량은 공극부피와 저류층의 투과도에 따라 달라진다. 이 물리적 트랩 메커니즘에 의한 CO_2 격리는 덮개암의 차폐능력에 달려 있으며, 이는 부지 선정에 있어 매우 중요하다.

3.1.2 잔류트랩(Residual Trap)

CO_2가 주입되어 공극에 침투하게 되면 기존에 존재하던 지층수와 동 방향(co-current)으로 유동하면서 지층수를 치환하게 된다. 하지만 주입이 종료되면 CO_2와 지층수의 밀도 차이로 인해 CO_2는 상부로, 지층수는 하부 방향으로 유동되는 역방향(counter-current) 유동경향을 보이게 된다. 이때 습윤성(wetting phase)인 지층수가 비습윤성(non-wetting phase)인 CO_2가 존재하는 공극으로 침투하게 되며, 이 과정에서 지층수가 CO_2를 치환하면서 상당량의 CO_2가 불연속적인 방울 형태로 작은 공극에 잔류되는 현상이 발생된다(그림 3.1.2). 이는 작은 공극에 갇힌 CO_2를 불연속적으로 만들며 결과적으로 유동되지 못하게 된다. 이러한 트랩 메커니즘을 잔류트랩 혹은 모세관 트랩(capillary trap)으로 명명한다.

잔류트랩은 CO_2의 이동과 분포에 큰 영향을 미치며, 다른 트랩 메커니즘의 효율성에도 영향을 준다. Suekane 등(2010)은 실험적으로 심도 750에서 1,000m에 존재하는 대염수층에서 최대로 트랩될 수 있는 CO_2 포화도를 평가하여 사암의 경우 24.8%에서 28.2%의 CO_2가 잔류트랩으로 격리될 수 있음을 확인하였다. 또한 잔류트랩의 영향을 평가하기 위한 다양한 시뮬레이션 연구가 수행되었으며, 주로 상대투과도의 변화로 인해 발생되는 임계포화도(critical saturation), 잔류가스포화도(residual gas saturation), 습윤성, 최소수포화도의 변화양상이 트랩된 가스포화도에 미치는 영향을 분석하였다. 이 결과 이력모델(hysteresis model)을 사용하여 잔류트랩이 주입된 CO_2의 유동을 상당히 억제할 수 있음이 알려졌으며, 잔류가스의 영향이 CO_2 저장에 미치는 영향이 매우 크다고 결론 내었다. 또 다른 연구로 수평수직투과도비, 주입량, 저류층의 압력/온도 조건을 변화시키며 잔류트랩의 영향을 비교하는 시뮬레이션 연구가 수행되었으며, 주입량, 저류층의 불균질성, 점성력과 중력의 비율이 최종적인 유동 불가능한 가스포화도에 가장 큰 영향을 미친다고 발표하였다. 여기서 점성-중력비와 불균질성이 커질수록 치환효율(sweep efficiency)이 향상되며, 이는 더 많은 CO_2가 잔류트랩으로 저장될 수 있음을 의미한다.

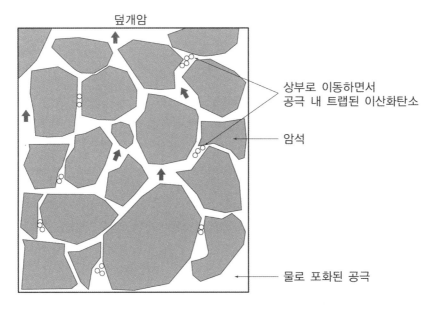

덮개암

상부로 이동하면서
공극 내 트랩된 이산화탄소

암석

물로 포화된 공극

그림 3.1.2 잔류트랩 개념도

3.2 지화학적 트랩(Geochemical Trap)

지화학적 트랩 메커니즘은 주입된 CO_2가 지층수나 암석과의 연속적인 화학반응을 통해 원래의 물리적, 화학적 특성이 변화되어 격리되는 메커니즘이다. 이는 CO_2가 독립된 상이 아닌 지층수에 용해되거나 광물화되어 격리됨을 의미한다. 지화학적 트랩은 물리적 트랩에 비해 장기간 동안 발생되는 것이 특징으로 용해 트랩(solubility trap)과 광화 트랩(mineral trap)으로 세분화된다.

3.2.1 용해 트랩(Solubility Trap)

용해 트랩은 지층수에 초임계상이나 가스상의 CO_2가 용해되는 메커니즘이다. 주입된 CO_2는 상부로 이동하면서 덮개암을 만나게 되면 수평 방향으로 퍼지면서 유동된다. 이때 CO_2는 주변의 지층수나 탄화수소와 접촉하면서 평형상태에 도달하기까지 지층수에 용해되는 물질전달(mass transfer) 현상이 발생된다. 여기서 평형상태는 CO_2가 주변 유체에 충분히 녹아 더 이상의 CO_2가 용해될 수 없는 상태를 의미한다. 이러한 지층수 내 CO_2의 용해도는 지층수의 염도와 압력/온도에 따라 달라진다. CO_2와 지층수의 계면에서 CO_2는 분자확산에 의해 물에 용해되면서 CO_2에 의해 포화되며 CO_2 농도 구배를 형성한다. 이 과정은 분자확산계수가 매우 낮기 때문에 느리게 발생되며 CO_2가 완전히 지층수에 용해되기까지는 수천 년의 시간이 걸리게 된다.

확산성의 CO_2가 지층수에 용해되면 지층수의 밀도가 초기 지층수보다 약 1% 정도 증가한다. 이때 대염수층의 상부에서 CO_2가 용해되어 밀도가 증가한 지층수는 중력에 의해 하부로 이동한다(그림 3.2.1). 이 과정은 CO_2와 지층수의 혼합을 촉진시키며 결과적으로 확산이 보다 잘 발생되어 CO_2의 용해성이 높아진다. 따라서 용해과정은 CO_2의 상부유동을 감소시킬 뿐 아니라 저장 용량을 증가시키며 이러한 용해-확산-대류 과정에서의 가장 중요한 문제는 시간과 거리적 스케일이다. 또한 이 과정은 덮개암을 통한 CO_2의 이동을 감소시킬 수 있기 때문에 저장 용량과 덮개암 차폐효율에도 중요할 수 있다.

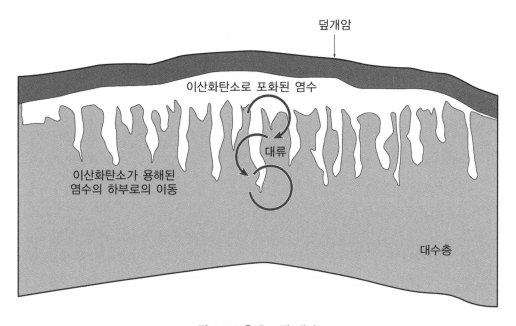

그림 3.2.1 용해 트랩 개념도

지층수에 CO_2가 용해되면 시간이 지날수록 H^+, HCO_3^-로 분해되어 약탄산을 형성하게 된다(식 3.2.1). 또한 지층수에 존재하는 다른 양이온 등과 결합하여 아래의 반응식들과 같은 비용해성 이온 종을 형성시킨다. 이러한 용해성은 지층수의 온도와 염도가 증가될수록 낮아진다.

$$CO_{2(aq)} + H_2O \leftrightarrow H^+ + HCO_3^- \qquad\qquad 식(3.2.1)$$

$$Ca^{2+} + CO_{2(aq)} + H_2O \leftrightarrow H^+ + CaHCO_{3(aq)} \qquad\qquad 식(3.2.2)$$

$$Na^+ + CO_{2(aq)} + H_2O \leftrightarrow H^+ + NaHCO_{3(aq)} \qquad \text{식}(3.2.3)$$

$$Mg^{2+} + 2CO_{2(aq)} + 2H_2O \leftrightarrow 2H^+ + Mg(HCO_3)_{2(aq)} \qquad \text{식}(3.2.4)$$

3.2.2 광화 트랩(Mineral Trap)

광화 트랩은 지층 내 존재하는 광물과 유기물과의 화학반응을 통해 CO_2가 안정적인 광물상으로 격리되는 메커니즘을 의미한다. 광화 트랩은 용해 트랩이 발생되는 동안이나 그 이후에 일어나기 때문에 상대적으로 느리게 진행되며 가장 영구적인 저장 메커니즘이다. 시간이 지남에 따라 주입된 CO_2는 지층수에 용해되어 약산성을 갖게 되며 이는 주변 광물과의 다양한 지화학적 반응을 발생시킨다. 이 반응 중 일부는 CO_2를 화학적으로 새로운 탄산염 광물로 전환시킬 수 있으므로 CO_2 격리에 있어 유용할 수 있으나 몇몇 반응은 CO_2의 이동을 저해하여 격리를 방해할 수 있다. 가장 대표적인 광물화 반응은 방해석(calcite)을 형성하는 반응으로 아래의 반응식과 같이 발생된다.

$$Ca^{2+} + CO_{2(aq)} + H_2O \leftrightarrow Calcite + 2H^+ \qquad \text{식}(3.2.5)$$

CO_2가 용해된 지층수와 광물과의 반응은 지층에 존재하는 광물의 종류, 압력, 온도, 지층수의 pH와 염분농도, 공극률에 따라 달라지며 지층의 투과도와 공극률을 크게 변화시킨다고 알려져 있다(Benson and Cole, 2008). Emberley 등(2004)의 연구에 따르면 웨이번(Weyburn) 유전에 주입된 CO_2가 50,000년이 지난 후에는 모두 광물화될 것이라고 발표하였으며, 이는 누출 위험성을 크게 낮출 수 있음을 의미한다. 다른 트랩 메커니즘에 비해 광화 트랩이 갖는 가장 큰 장점은 CO_2가 광물상으로 격리되어 상부로의 누출이 발생되지 않는 안정적인 상태로 존재한다는 점이다(Xu 등, 2004). 이러한 광화 트랩은 반응률이 매우 낮음으로 인해 느리게 진행되므로 지질학적 시간스케일에서만 중요하게 작용된다.

3.3 시간과 공간에 따른 격리 메커니즘의 변화

각각의 격리 메커니즘과 관련된 시간스케일은 매우 다르게 나타난다. 물리적 트랩은 주입과 동시에 발생되어 다른 트랩 메커니즘의 전제조건이 된다. 이 경우 덮개암의 안정성과 모세관압을 주요인자로 볼 수 있다. 주입 동안의 치환과정을 통해 모세관 트랩이 일어나게 되고 중기적으로 CO_2가 지층수에 녹는 용해 트랩이 진행된다. 아주 긴 시간이 흐른 뒤에 CO_2는 광화 트랩으로 격리되게 되며 각 메커니즘별 타임스케일은 그림 3.3.1과 같이 표현할 수 있다.

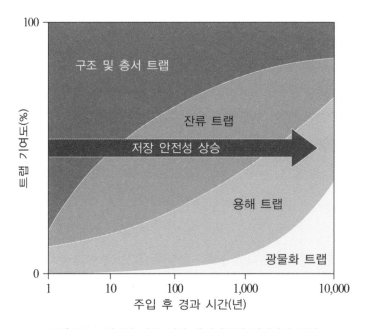

그림 3.3.1 시간에 따른 격리 메커니즘별 격리량의 변화

주입된 CO_2의 공간적 분포는 작용하는 메커니즘에 따라 시간이 지나면서 변화하게 된다. 물리적 트랩 동안에 CO_2는 저투과성의 덮개암 하부에 집적되게 되며 이를 따라 수평적으로 퍼져나가게 된다. 이 과정에서 CO_2의 유동경로를 따라 모세관 트랩이 발생되며 특히 작은 공극과 통로 크기를 갖는 경로에서 많은 양의 CO_2가 잔류된다. 용해 트랩은 유동경로상의 가스상과 지층수의 계면에서 발생되며 광화 트랩은 광물 분포를 변화시킨다. 따라서 시간에 따른 주요 트랩 메커니즘과 CO_2의 공간적 분포를 규명하는 것은 저장 용량 평가와 위험성 평가에 있어 매우 중요하다.

3.4 지중 격리 가능 퇴적지층

선상지, 하천, 호수, 삼각주, 쇄설성 연안, 탄산염 등의 다양한 퇴적환경에서 형성된 지층에 CO_2 주입이 가능하며, 이 절에서는 대표적인 지중 격리 가능지층에 대해 설명하였다.

3.4.1 삼각주 퇴적환경

강에 의해 운반된 퇴적물이 천해 혹은 호수에 진입하면서 급격히 퇴적되어 형성된 낮은 평지로 육상 퇴적계와 해양 퇴적계가 연속적으로 일어난 지역이다. 삼각주의 퇴적범위 내에서는 다양한 크기의 입자들이 존재한다. 퇴적물은 채널 하부에 위치하는 비교적 큰 모래 입자에서 미세한 점토에 이르기까지 다양하게 나타나며, CO_2가 주입되면 퇴적 당시의 고투과성 채널 또는 삼각주에 평행하게 유동하게 된다. 삼각주 퇴적환경에서는 이암과 사암이 주로 형성되며, 일반적으로 CCS 에 가장 적합한 대규모 사암은 파도와 조석이 우세한 삼각주에서 주로 형성된다. 삼각주에 퇴적된 점토성분은 CO_2와 반응하게 되어 지층의 물성이 변화될 수 있다.

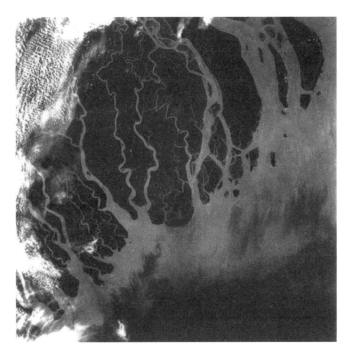

그림 3.4.1 조수에 의한 삼각지의 형태(Photo from MISR Satellite, November 6, 1994, courtesy of NASA)

3.4.2 석탄층

석탄은 목질과 같은 식물이 퇴적하여 매몰된 후 높은 열과 압력을 받아 형성되며, 심부 석탄층의 경우 메탄이 흡착된 형태로 존재하는 CBM(coalbed methane) 저류층이 주요한 CO_2 격리 지층 중 하나이다. 석탄층은 압력과 온도가 높은 조건일수록 탄화가 진행되며, 갈탄(lignite)에서 무연탄(anthracite)으로 품위가 변화하게 된다(그림 3.4.2). 주입된 CO_2는 속성작용에 의한 최소주응력 방향에 평행한 균열, 즉 클리트(cleat)를 통해 유동되며, 메탄에 비해 CO_2의 흡착성이 높기 때문에 메탄을 치환하면서 석탄층에 저장된다. 주로 물리흡착에 의해 저장되며 화학적 격리 메커니즘은 거의 발생되지 않는다.

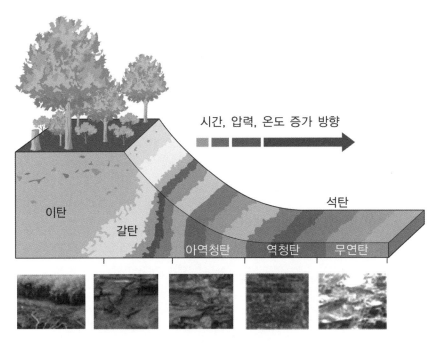

그림 3.4.2 석탄과 과정에 따른 시간, 온도, 압력의 변화(Courtesy of Steve Greb, Kentucky Geological Survey, 2008)

3.4.3 셰일

셰일은 대부분 두께가 수 m에 이르는 넓은 판상으로 발달되며, 유기물이 많이 함유되어 있을 수 있다. 아주 작은 크기의 입자들로 구성되어 있어 공극률과 투과도가 낮은 특성을 가져 CO_2의 주입성과 저장 능력 측면에서 적합하지 않은 것으로 알려져 있다. 또한 셰일과 CO_2 간의 화학반응이 가능하나 느리게 발생되는 특징이 있다. 하지만 셰일가스전의 경우 가스 생산성 증대를 위해 장공의 수평 수압파쇄정을 시추한 경우가 대부분으로 이 경우 넓은 면적에 고투과성의 유동통로를 확보하고 있기 때문에 CO_2 격리 가능지로 고려될 수 있다.

3.4.4 탄산염 퇴적 시스템

탄산염 퇴적 시스템은 탄산염의 화학적 침전 및 생물에 의해 형성된다. 주로 석회질 퇴적물의 형성이 매우 활발히 일어나고 보존되는 지역에 분포하며, 대륙 사면이 형성되지 않은 낮은 각도로 경사진 대륙붕이나 산호초 및 복합 산호초 성장에서 흔히 나타난다. 석영, 점토와 50% 미만의 탄산염 광물이 퇴적된 지층으로, 주입된 CO_2는 탄산염, 황산염과 빠르게 반응하여 광화 트랩의 격리량이 크게 나타나고 이에 따라 지층의 물성이 변화하게 된다. 탄산염암은 용해공극이 많이 발달되어 있어 공극률이 크게 나타나는 경향이 있으나 암석 입자의 크기가 작아 투과성이 낮은 경우가 많다. 이 경우 저장 용량 측면에서는 문제가 없으나 주입성 측면에서는 적합하지 않을 수 있다. 특히 주입된 CO_2가 지층수에 용해되어 약탄산을 형성하게 되면 암석을 용해시킬 수 있으며, 이로 인해 발생된 침전물이 공극률과 투과도를 크게 변화시킬 수 있으므로 사전에 심도 있는 격리가능성 평가가 요구된다.

| 참고문헌 |

- Benson SM, Cole DR, 2008, CO_2 sequestration in deep sedimentary formations, Elements, 4 (5), pp. 325-331, https://doi.org/10.2113/gselements.4.5.325.

- Emberley, S., Hutcheon, I., Shevalier, M., Durocher, K., Gunter, W.D., and Perkins, E.H., 2004, Geochemical monitoring of fluid—rock interaction and CO_2 storage at the Weyburn CO_2 —injection enhanced oil recovery site, Saskatchewan, Canada, Energy, 29 (9), pp. 1393-1401.

- Grobe, M., Pashin, J. C., and Dodge, R. L., 2009, Carbon dioxide sequestration in geological media: state of the science. In: AAPG studies in geology, American Association of Petroleum Geologists, Tulsa, OK, pp. xi, 715.

- Han, W. S., 2008, Evaluation of CO_2 trapping mechanisms at the SACROC northern platform: site of 35 years of CO_2 injection, Citeseer.

- IPCC A, 2007. Intergovernmental panel on climate change. IPCC Secretariat Geneva.

- Juanes, R., Spiteri, E. J., Orr, F. M., and Blunt, M. J., 2006, Impact of relative permeability hysteresis on geological CO_2 storage. Water Resour Res, https://doi.org/10.1029/2005WR004806.

- Suekane, T., Nobuso, T., Hirai, S., and Kiyota, M., 2008, Geological storage of carbon dioxide by residual gas and solubility trapping, Int. J. Greenhouse Gas Control, 2, pp. 58-64.

- Xu, T., Apps, J. A., and Pruess, K., 2004, Numerical simulation of CO_2 disposal by mineral trapping in deep aquifers, Appl Geochem, 19 (6), pp. 917-936. https://doi.org/10.1016/j.apgeochem.2003.11.003.

CO$_2$ 저장 용량 평가

04 CO$_2$ 저장 용량 평가

4.1 CO$_2$ 저장 자원량 평가체계 및 산출법

4.1.1 CO$_2$ 저장 자원량 평가체계

　CCS의 사업화를 위해서는 대규모 저장이 가능한 저장소 확보, 관련 기술의 확보, 비용 최소화를 위한 저장소와 배출원의 연계방안, 투자재원 마련 또는 사업화를 위한 탄소세와 같은 경제적 메커니즘 확보, 마지막으로 사업화를 위한 법과 제도 정비가 필요하다. 이 가운데 무엇보다도 대규모 배출원에서 포집된 CO$_2$를 영구적으로 처분하기 위한 저장소 확보가 선행되어야 한다. CO$_2$를 저장할 수 있는 규모에 대한 평가체계는 석유 자원량 분류체계를 원용할 수 있다. 국내에는 2009년 12월 발표된 산업통상자원부의 '석유 자원량 평가 기준'이 있는데 세계석유공학회 (Society of Petroleum Engineers; SPE), 세계석유회의(World Petroleum Council; WPC), 미국석유지질학회(American Association of Petroleum Geologists; AAPG), 석유자원평가학회 (Society of Petroleum Evaluation Engineers; SPEE)에 의해 제안된 '석유자원관리체계(2007 Petroleum Resources Management System; PRMS)'를 국내에 도입한 것이다(그림 4.1.1 참조).

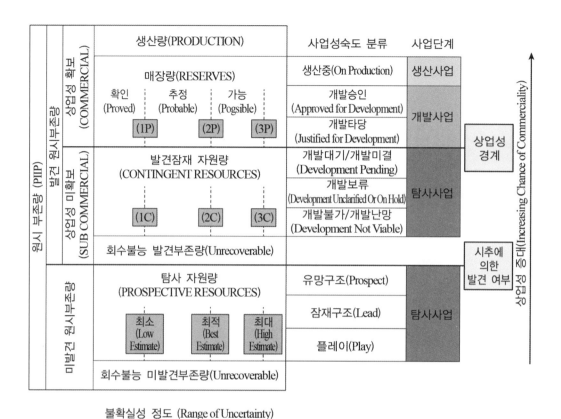

그림 4.1.1 석유 자원량 세부분류체계도(성원모 등, 2009)

CO$_2$ 지중 저장 자원량을 이해하기 위해 석유 자원량에 대해 간단히 소개하고자 한다. 석유 자원량 분류체계는 시추에 의한 석유 존재 확인 여부에 따라 발견 자원량(discovered resources)와 미발견 자원량(undiscovered resources)으로 분류된다. 석유 자원량(petroleum resources)이라는 표현은 시추를 통해 발견되거나 발견되지 않은 석유의 총량으로 회수 불가능한 양을 포함한다. 이에 비해 매장량(reserves)은 개발 사업에 의해 상업적으로 회수가 가능할 것으로 기대되는 석유 자원량으로 1) 시추에 의해 '발견'되었고, 2) 기술적으로 '회수 가능'하며, 3) 시장 환경 및 사업 측면에서 '상업적'이며, 4) 사업개시 시점에 '생산되지 않고 저류층에 잔존'하는 4가지 조건을 만족하여야 한다.

CO$_2$의 경우에도 2017년 7월, 그림 4.1.2의 'CO$_2$ 저장 자원량 관리체계'가 SPE 집행위원회에 의해 승인되었으며 국내에서 사용되고 있는 '석유 자원량 평가 기준'과 매우 유사하다.

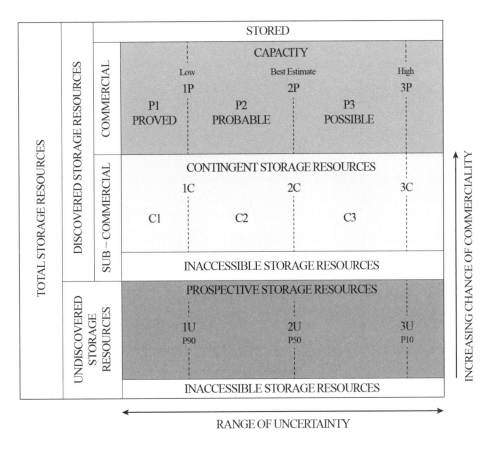

그림 4.1.2 SPE의 CO_2 저장 자원량 세부분류체계(SPE, 2017)

국내에서는 박용찬과 허대기(2013)에 의해 CO_2 지중 저장 자원량 분류체계 도입 필요성이 제기되었으며 SPE의 분류체계를 국내로 도입할 경우 그림 4.1.3과 같이 나타낼 수 있다. 석유 자원량 분류체계와 마찬가지로 시추에 의한 발견 여부에 따라 발견 저장 자원량과 미발견 저장 자원량으로 분류하며 발견 저장 자원량은 상업성에 따라 저장 용량과 발견 잠재 저장량으로 구분한다.

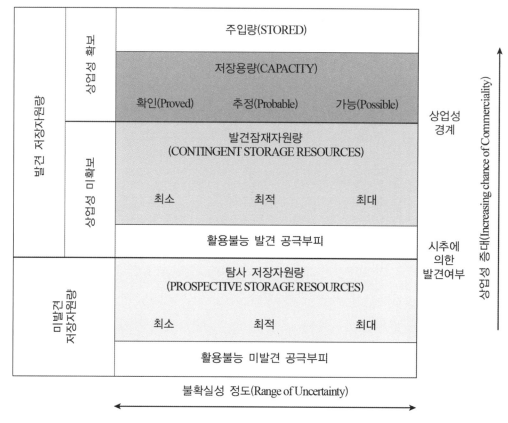

그림 4.1.3 SPE 분류체계에 따른 CO_2 저장 자원량 분류체계

4.1.2 CO_2 저장 자원량 산출법

CO_2 지중 저장 능력을 평가하는 방법, 즉 CO_2 지중 저장 자원량 평가방법은 석유 자원량 평가방법과 유사하게 표 4.1.1과 같이 5가지로 구분할 수 있다(Goodman 등, 2011; 성원모 등, 2009). 실제 주입 이전 단계에 사용할 수 있는 정적방법으로는 용적법과 압축률법이 있고, 주입 이후의 동적 자료를 활용하는 방법에는 감쇄곡선법, 물질평형법, 저류층 시뮬레이션법 등이 있다.

저류층 발견 이전 불확실성이 큰 단계에서는 확률론적 방법을 사용하며 표 4.1.1은 CO_2 저장이 가능한 저류층 발견 이후에 적용 가능한 결정론적 방법의 분류이다(성원모, 2009).

용적법은 시추공에서 취득한 코어의 분석실험 결과나 시추공의 물리검층 자료로부터 도출된 부피를 이용하는 방법이다. 전체 공극부피에 저장효율(storage efficiency)을 곱하면 저장 용량이 된다. 압축률법은 주입되는 CO_2에 의해 기존 지층 유체와 암석의 부피가 줄어들면서 유효 공극부피가 늘어나는 만큼 CO_2가 저장될 수 있다는 기본적인 사실에 근거한 계산법이다.

표 4.1.1 대수층에 대한 CO_2 지중 저장 자원량 평가 방법(성원모 등, 2009; Goodman 등, 2011)

구분		적용 단계	특징
정적 방법 (Static method)	용적법 (Volumetric method)	사업 초기 단계 물리탐사와 시추자료 분석이 가능할 때	• 최소한의 자료로 사업 초기에 적용할 수 있으며, 계산이 신속함 • 입력자료(저류층 면적, 두께, 공극률, 수포화도, 용적계수 등)의 불확실성으로 오차범위가 큼
	압축률법 (Compressibility approach)		
동적 방법 (Dynamic method)	감쇄곡선법 (Decline Curve Analysis)	저류층 특성 자료가 불필요하고, 신속, 정확함	• 저류층 특성 자료가 불필요하고, 신속, 정확함 • 주입실적자료가 필요하며, 주입조건이 변할 경우 적용 불가함
	물질평형법 (Material Balance Method)	주입 초기 이후의 저류층	• 암석물성에 대한 민감도가 작고, 저장 자원량 및 경계 영향 평가에 용이함 • 저류층 압력 등의 많은 입력 자료가 필요함
	저류층 시뮬레이션 (Reservoir Simulation)	사업 초기 단계부터 활용 가능	• 가장 정교한 방법으로 저장 용량 계산뿐만 아니라 운영 최적화 등 광범위하게 활용됨 • 민감도가 큰 입력 자료가 불확실한 경우 결과에 대한 위험도가 큼

동적 계산법은 충분히 신뢰할만한 저류층 특성자료가 존재하는 경우에 사용할 수 있는 방법이다. 감쇄곡선법은 주입이 진행된 후 주입이 감소되는 저류층에 대해 간편하게 사용할 수 있으나 CO_2 지중 저장의 경우 일정한 양의 CO_2를 주입하기 때문에 실제 현장에서 사용하는 것이 부적합할 수 있다. 이에 비해 물질평형법과 저류층 시뮬레이션은 단계에 상관없이 이용할 수 있다.

물질평형법은 저류층을 하나의 탱크로 가정하고 탱크 내로 유입된 유체와 외부로 유출된 유체의 질량보존법칙에 기반한다. 이렇게 유도된 물질평형 방정식으로 탱크 전체의 평균압력이나 저장 용량 및 주입성 분석이 이루어진다.

저류층 시뮬레이션은 물질평형법에 기초한 방법으로 질량보존법칙과 Darcy의 경험유동식을 이용하여 CO_2 주입에 CO_2 상의 거동, 저류층 압력상승 등에 의한 저장 용량 계산을 수행한다. 물질평형법의 압력은 저류층 전체를 대표하는 하나의 값을 이용하는 것에 비해 저류층 시뮬레이션은 저류층은 수만~수백만 개의 셀로 격자화하고 개별 격자에 물질평형과 Darcy 유동식을 적용하여 압력과 포화도 등을 계산하는 방식으로 다차원, 다성분, 다상유동 접근방식이다.

4.2 정적(Static)인 방법에 의한 저장 자원량 평가

탐사 자원량 또는 발견 잠재 자원량 단계에서는 지질, 지구물리 및 공학 자료를 바탕으로 입력변수들(면적, 두께, 공극률, 수포화율, 용적계수 등)의 가능한 범위에서 선택하여 계산하는 방식인 용적법이 가장 널리 사용되고 있다. 용적법은 기본적으로 저류층의 전체 부피와 공극부피를 근거로 압력상승에 의해 압축되는 부피를 고려하는 압축률법과 공극부피 중 CO_2가 차지하는 비율, 즉 저장효율을 고려하는 저장효율법으로 구분할 수 있다.

공극 내 CO_2가 차지하는 비율인 저장효율은 다음과 같이 정의할 수 있다.

$$E = \frac{V_{CO_2}}{V_\phi}$$ 식(4.2.1)

여기서, E는 저장효율계수(storage efficiency coefficient), V_ϕ는 공극부피, V_{CO_2}는 공극 중 CO_2가 차지하는 부피이다. 이를 기초로 한 CO_2 지중 저장 자원량은 다음과 같이 정의된다.

$$M_{CO_2} = A_t h_g \phi_t E \rho_{CO_2}$$ 식(4.2.2)

여기서, M_{CO_2}는 대상지층에 저장할 수 있는 CO_2의 질량, A_t는 저류층의 면적(total area), h_g는 저류층의 전체 두께(gross thickness), ϕ_t는 총 공극률(total porosity), ρ_{CO_2}는 주입 종료 시점 저류층 온도/압력 조건에서의 CO_2 밀도이다.

4.2.1 압축률법

CO_2 주입 대상 저류층의 경계가 완전히 닫혀 있다는 가정하에 저장할 수 있는 CO_2의 양을 추정하는 압축률법의 경우 공극과 공극 내 유체가 압력상승에 의해 압축되는 만큼만 CO_2를 저장될 수 있다는 개념으로 이때 저장효율계수는 다음과 같이 표현될 수 있다(Zhou 등, 2008).

$$E = (\beta_m + \beta_w)\Delta p_{\max} = (\beta_m + \beta_w)(p_{\max} - p_i)$$ 식(4.2.3)

여기서, β는 압축률, p는 압력, 첨자 m과 w는 각기 다공성 매질과 물, p_i는 저류층의 초기압력, p_{max}는 허용되는 최대압력이다. 최대허용압력은 일반적으로 규제기관에서 정의하며 캐나다 앨버타주의 경우 물과 산성 가스(acid gas) 주입 시 균열압력(fracturing pressure)의 90%로 설정되어 있다(Bachu, 2015).

매질의 압축률 β_m이 3~70×10^{-10} Pa^{-1} 수준이며 물의 압축률 β_w는 3~6×10^{-10} Pa^{-1} 수준이다. 이러한 압축률에서 저장효율계수는 초기압력과 최대 허용압력의 차에 의해 결정되는데 일반적으로 압력 1MPa 상승 시에 저장효율계수는 0.08~0.75% 정도로 매우 넓은 범위의 값을 보인다. 다시 캐나다 앨버타주의 경우를 살펴보면 1,000m 심도의 경계가 닫혀 있는 저류층의 저장효율계수는 0.4~0.6% 수준이며 일반적으로는 MPa 상승 시 0.% 수준이다(Bachu, 2015). Zhou 등(2008)은 닫혀 있는 경계의 13개 대수층의 저장효율이 0.3~1.2% 수준으로 제시하였다.

4.2.2 열린 경계를 고려한 용적법

국가차원의 CO_2 지중 저장 자원량 평가를 위해 용적법을 사용한 대표적인 사례로 일본과 미국을 꼽을 수 있다. 미국의 DOE의 방법론에서는 저장효율계수를 다음과 같은 식으로 표현하였다 (USDOE, 2010, Goodman 등, 2013).

$$E = E_{A_n/A_t} E_{H_n/H_g} E_{\phi_e/\phi_t} E_A E_v E_g E_d \qquad \text{식}(4.2.4)$$
$$= E_{geol} E_V E_d$$

여기서, E_{A_n/A_t}는 평면적으로 전체 면적 중 CO_2 저장에 적합한 면적의 비율, E_{H_n/H_g}는 수직 방향 net-to-gross 두께 비율, E_{ϕ_e/ϕ_t}는 총 공극률 중 유효공극률의 비율, E_A는 평면적 치환효율(areal displacement efficiency), E_v는 수직 방향의 치환효율(vertical displacement efficiency), E_g는 중력에 의한 치환효율(gravity displacement efficiency)로 주입된 CO_2와 공극 내 염수의 밀도와 점성도 차이에 의한 영향을 보여준다. E_d는 최소수포화도(irreducible water saturation)에 의한 영향을 보여주며 $(1 - S_{wirr})$로 표현된다.

식(4.2.4)의 3개 효율인자인 $E_{A_n/A_t} E_{H_n/H_g} E_{\phi_e/\phi_t}$는 대수층의 지질학적 특성을 나타내고 있으므로 단순하게 E_{geol}으로 표현할 수 있으며 그 다음 3개 인자 $E_A E_v E_g$는 매크로 스케일의 치환효율, 마지막 E_d는 마이크로 스케일(공극 규모)의 치환효율로 설명을 단순화 할 수 있다.

북미 지역의 저장 자원량 평가에 대한 방법론(Gorecki 등, 2009; Goodman 등, 2011)을 살펴보면 식(4.2.4)의 들어가는 항목들을 몬테카를로 시뮬레이션을 통해 P10, P50, P90에 해당하는 저장효율계수를 제시하였다.

표 4.2.1 USDOE 방법론에 사용된 CO_2 저장효율계수 E(US-DOE, 2010)

Lithology	P10	P50	P90
Clastics	0.51%	2.0%	5.4%
Dolomite	0.64%	2.2%	5.5%
Limestone	0.40%	1.5%	4.1%

여기서 주의하여야 하는 것은 표 4.2.1의 숫자를 새로운 대수층에 그대로 적용할 수 없다는 점이다. 제시된 숫자는 우선 시추를 통해 확인된 구조를 대상으로 하며 다양한 인자들에 대한 몬테카를로 시뮬레이션 결과이며 특히 열린 경계로 가정하였기 때문에 분지 규모에 적용할 경우 과대평가될 수밖에 없다.

4.3 저류 시뮬레이션에 의한 저장 자원량 평가

육안으로 확인이 불가능한 심부 저류층에서의 유체유동을 해석하기 위해서는 유동의 물리적 법칙을 근사화한 유체유동식에 근거할 수밖에 없다. 과거에는 유체와 저류층의 특성을 단순화하여 분석하는 이론적 접근법(analytic method)이 주로 활용되었으나 컴퓨터 성능이 크게 개선되면서 수치적 접근법(numerical method)이 널리 활용되고 있다.

저류 시뮬레이션을 사용한다는 것은 앞장에서 설명한 용적법, 압축률법, 물질평형법, 감쇄곡선법 등 다른 모든 방법을 격자 수준에 포함하는 것이다. 또한 저류층의 두께가 경계의 영향, 암석의 특징, 유체의 특성, 주입정/생산정 등 활용가능한 모든 정보를 담을 수 있으며 개발 시나리오나 수직정, 수평정 또는 천공구간, 물리적/화학적 자극 방법에 의한 영향을 검토할 수 있다. 저장 용량 예측은 탐사와 시추자료 분석, 이후 실제 주입단계가 진행됨에 따라 자료를 추가적으로 얻게 되면서 불확실성이 줄어들게 된다. 즉, 활용되는 자료의 질과 양에 따라 저장 용량 예측의 정확성이 결정된다. 그림 4.3.1은 CO_2 지중 저장 저류 시뮬레이션의 흐름도를 나타낸 것으로 각각의 단계에서 활용되는 자료와 목적을 표시하고 있다. 저류 시뮬레이션에 대한 설명은 석유가스공학 (성원모, 2009)에서 참조할 수 있다.

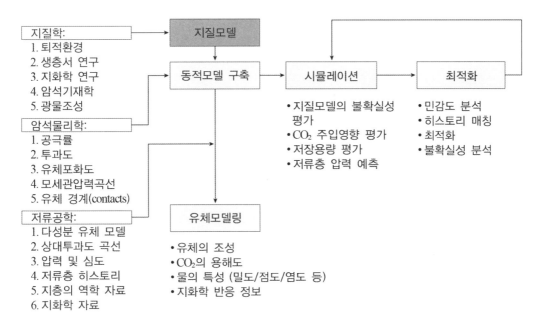

그림 4.3.1 CO_2 지중 저장 저류 시뮬레이션 흐름도

석유개발에서는 저류층의 크기와 공극률, 유체포화도를 이용하여 석유자원의 초기 매장량을 계산하고 생산 시나리오에 따른 가채매장량을 추정할 수 있다. 이에 비해 CO_2 지중 저장에서는 저류층의 크기와 공극률로부터 총 공극부피를 계산할 수 있으며 여기에 저장효율을 적용해 간단하게 용적법에 의한 저장 용량을 계산하거나 주입 시나리오에 따른 저장 용량을 계산할 수 있다.

저류 시뮬레이션 수행 시 저장 용량 결정에 가장 중요한 입력값은 저류층의 제한 압력으로 단층의 재활성화 또는 암석의 파괴압력을 고려하여 결정하여야 하며 이에 대해서는 7장에서 설명하고 있다.

현장에서 취득된 자료를 기초로 정적모델과 동적모델을 구성하게 되는데 여전히 저류층의 전체 규모를 파악하기는 매우 어렵다. 고갈 유가스전의 경우 장기간의 생산 자료를 통해 유/가스와 하부 대수층의 크기가 실제와 큰 차이를 보이지 않아 저류 시뮬레이션의 결과를 신뢰할 수 있으나 대수층의 경우에는 장기간의 압력천이해석을 수행하기 쉽지 않기 때문에 불확실성이 매우 크다.

보유한 자료와 저류 시뮬레이션의 계산시간 등을 고려하여 동적모델의 물리적 크기를 결정하게 되는데 여전히 모델의 경계조건은 그림 4.3.2와 같이 유한 또는 무한한 크기의 대수층이 연결된 열린 경계 저류층(open system), 상·하부층으로 일부 유출이 될 수 있는 일부 열린 경계 저류층(semi-closed system) 또는 완전히 막혀 있다고 가정하는 닫힌 경계 저류층(closed system) 등으로 가정할 수 있다. 닫힌 경계 저류층 조건일 때 저장 용량이 가장 보수적으로 계산되므로 최소 이 규모 이상의 CO_2가 저장 가능하다고 판단할 수 있다. 이에 비해 열린 경계 저류층의 경우 실제 저장 용량보다 과다하게 평가될 수 있다. 예를 들어 노르웨이 스노흐비트(Snohvit) 프로젝트의 경우 2008년 2월부터 천연가스에 포함된 5~8%의 CO_2를 분리하여 시간당 80톤 규모로 대수층에 주입하는 계획을 수립하였으나 약 3년간 100만 톤 주입 후 한계 압력에 도달해 상부층에 새로운 대염수층으로 주입층을 변경할 수밖에 없었다(Grude 등, 2014).

경계가 닫혀 있다고 가정할 경우 암석과 공극 내 유체의 압축률에 따라 저장 용량이 결정되는데 이를 늘릴 수 있는 방법으로 최근 양수 방법이 많이 거론되고 있다. 인공적인 배수정을 설치하여 물리적으로 저류층 유체를 외부로 배출하는 방법으로 압력을 관리하고 저장 용량을 대폭 개선할 수 있다는 장점이 있다.

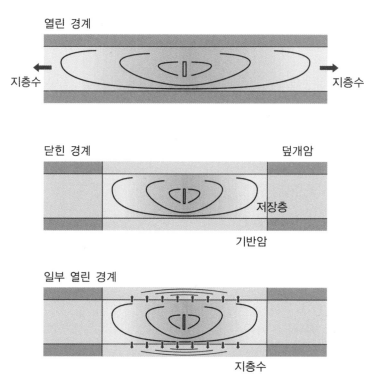

그림 4.3.2 CO_2 저장 시 고려할 수 있는 경계조건(Zhou 등, 2008)

| 참고문헌 |

- 박용찬, 허대기, 2013, 한국의 CO_2 지중저장자원량 분류체계 제안, 한국자원공학회지, 50 (1), pp. 170-177.

- 성원모, 2009, 석유가스공학: 저류공학 기초, 도서출판 구미서관.

- 성원모, 김세준, 이근상, 임종세, 2009, 국내 석유자원량 분류체계의 표준화, 한국자원공학회지, 46 (4), pp. 498-508.

- Bachu, S., 2015, Review of CO_2 storage efficiency in deep saline aquifers, International Journal of Greenhouse gas control, 40, pp. 188-202.

- Goodman, A., Bromhal, G., Strazisar, B., Rodosta, T., Guthrie, W. F., Allen, D., and Guthrie, G., 2013, Comparison of methods for geologic storage of carbon dioxide in saline formations. International Journal of Greenhouse Gas Control, 18, pp. 329-342.

- Goodman, A., Hakala, A., Bromhal, G., Deel, D., Rodosta, T., Frailey, S., and Guthrie, G., 2011, US DOE methodology for the development of geologic storage potential for carbon dioxide at the national and regional scale. International Journal of Greenhouse Gas Control, 5 (4), pp. 952-965.

- Gorecki, C. D., Sorensen, J. A., Bremer, J. M., Knudsen, D., Smith, S. A., Steadman, E. N., and Harju, J. A., 2009, Development of storage coefficients for determining the effective CO_2 storage resource in deep saline formations. In SPE International Conference on CO_2 Capture, Storage, and Utilization (SPE 126444).

- Grude, S., Landrø, M., and Dvorkin, J., 2014, Pressure effects caused by CO_2 injection in the Tubåen Fm., the Snøhvit field. International Journal of Greenhouse Gas Control, 27, pp. 178-187.

- SPE, 2017, CO_2 Storage Resources Management System. Retrieved from https://www.spe.org/en/industry/co2-storage-resources-management-system.

- USDOE, 2010, Carbon Sequestration Atlas of the United States and Canada, 3rd ed.

- Zhou, Q., Birkholzer, J. T., Tsang, C. F., and Rutqvist, J., 2008, A method for quick assessment of CO_2 storage capacity in closed and semi-closed saline formations, International Journal of Greenhouse gas control, 2 (4), pp. 626-639.

CO$_2$ 주입성 시험

05 CO$_2$ 주입성 시험

5.1 유체 유동식의 이론 해

5.1.1 비정상상태(천이) 유동(Unsteady-state or Transient Flow)

비정상상태 유동의 경우, 주입정이 무한한 크기의 지층에 위치하고 일정한 유량의 주입이 가정되었을 때, 지층의 압력 거동이 불규칙하게 일어나게 된다. 비정상상태 유동에서는 지층 외곽 경계의 압력 변화는 주입정의 압력 거동에 영향을 미치지 않으며, 이러한 유동 형태가 지속되는 기간이 매우 짧게 나타나기도 한다. 그림 5.1.1(a)는 지층 전체에 걸쳐 압력이 p_i로 균일하며, r_e의 외곽 경계면 반경을 가지는 균질한 원형 지층의 중심에 있는 폐쇄된 주입정의 모식도이다. 이는 $t = 0$일 때, 즉 주입 시작 직전의 초기 지층 상태를 나타낸다. 지하에 고압의 유체가 완전 평형상태로 존재하고 있는 지층에서 주입정에 의해 q의 일정한 유량으로 주입이 시작되면 주입정의 압력인 p_{wf}가 증가하며, 그에 따라 압력구배가 발생한다. 이때, 주입정으로부터 압력구배가 형성된 구간까지의 거리인 영향반경(radius of investigation, r_d)은 다음과 같은 요소들에 의해 결정된다.

- 투과도(permeability)
- 공극률(porosity)

- 유체 점성도(fluid viscosity)
- 암석 및 유체의 압축도(rock and fluid compressibilities)

그림 5.1.1(b)에서 r_1은 t_1의 시간이 경과하였을 때의 r_d를 의미한다. r_d는 시간이 지남에 따라 지속적으로 증가한다. r_d가 지층의 외곽 경계면에 도달하기까지 r_e는 수학적으로 무한하다고 가정할 수 있으며, 이때 지층은 크기가 무한한 것처럼 거동한다. 위와 유사한 방식으로, 일정한 p_{wf}로 주입되는 경우에 대해 설명할 수 있다. 그림 5.1.1(c)는 시간에 대한 r_d의 변화를 개략적으로 나타낸다. 시간 t_5에서는 r_d가 외곽 경계면에 도달하며($r_d = r_e$), 이로 인해 압력 거동이 변화한다. 즉, 비정상상태 유동 기간은 지층의 크기가 무한한 것처럼 거동하여 지층 외곽 경계면이 지층의 압력구배에 영향을 미치지 않는 기간으로 정의되며, 유량이 일정한 경우 그림 5.1.1(b)에서 모든 t에 대해, 그리고 p_{wf}가 일정한 경우 그림 5.1.1(c)에서 $0 < t < t_5$ 일 때의 압력 거동으로 나타낼 수 있다.

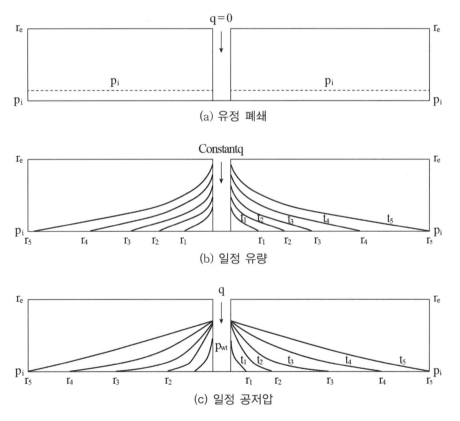

(a) 유정 폐쇄

(b) 일정 유량

(c) 일정 공저압

그림 5.1.1 다양한 조건에서 시간에 따른 압력 거동

정상상태 유동에서 다공성 매질에 유입되는 유체의 양과 배출되는 유체의 양이 동일하지만, 비정상상태 유동에서는 유입되는 유량과 배출되는 유량이 같지 않을 수 있으며, 지층의 유체 포화율이 시간에 따라 변화한다. 따라서 비정상상태 유동을 표현하기 위해서는 다음과 같은 변수들을 다시 설정해야 한다.

- 시간(time, t)
- 공극률(porosity, ϕ)
- 총 압축률(total compressibility, c_t)

비정상상태 유동방정식은 세 개의 독립적인 방정식과 경계 및 초기 조건을 결합하는 것에 기반을 두고 있으며, 이들에 대한 간략한 설명은 다음과 같다.

(1) **연속 방정식**(continuity equation) : 연속 방정식은 본질적으로 지층에서 생산되거나, 지층에 주입 또는 잔류하는 모든 유체 질량의 물질 평형(mass balance)에 관한 식이다.

(2) **수송 방정식**(transport equation) : 연속 방정식과 수송 방정식을 결합하여 저류층에 유입 및 배출되는 유체의 유량을 모사할 수 있다. 기본적으로 수송 방정식은 일반화된 미분 형태의 Darcy 방정식이다.

(3) **압축률 방정식**(compressibility equation) : 유체 압축률 방정식은 유체의 밀도 또는 부피의 변화를 압력의 함수로 나타낸 식이다.

(4) **초기 및 경계 조건**(initial and boundary conditions) : 비정상상태 유동을 수학식으로 표현하고 해를 도출하기 위해서는 두 가지의 경계 조건과 하나의 초기 조건이 필요하다. 초기 조건은 단순히 지층에서 주입이 시작되기 직전, 즉 $t = 0$일 때 지층의 압력이 균일함을 나타내며, 두 가지 경계 조건은 다음과 같다.
   - 지층 유체는 일정한 유량으로 주입정을 통해 주입
   - 지층의 외곽 경계면 외부에서 유입되는 유체는 없으며, 지층은 크기가 무한한 것처럼 거동($r_e = \infty$)

그림 5.1.2는 지층의 방사형 유동을 묘사한다. 주입정의 중심으로부터 거리가 r이고 dr의 너

비를 갖는 유동 영역에 대해 유동 부피는 dV이다. 물질 평형의 관점에서 Δt 동안 dV에 유입되는 유량과 배출되는 유량의 차이는 Δt 동안 dV에 축적된 양과 같아야 하며, 이를 식으로 표현하면 식(5.1.1)과 같다.

$$\begin{bmatrix} \text{mass entering} \\ \text{volume element} \\ \text{during interval } \Delta t \end{bmatrix} - \begin{bmatrix} \text{mass leaving} \\ \text{volume element} \\ \text{during interval } \Delta t \end{bmatrix} = \begin{bmatrix} \text{rate of mass} \\ \text{accumulation} \\ \text{during interval } \Delta t \end{bmatrix} \qquad 식(5.1.1)$$

식(5.1.2)는 연속 방정식을 나타내며, 이는 방사형 유동에서의 물질 평형에 관한 식이다. 이 장에서 단위는 현장복합단위체계를 적용하였다.

$$-\frac{1}{r}\frac{\partial}{\partial r}\left[r(v\rho)\right] = \frac{\partial}{\partial t}(\phi\rho) \qquad 식(5.1.2)$$

여기서,

ϕ = 공극률

ρ = 유체 밀도, lb/ft^3

v = 유속, ft/day

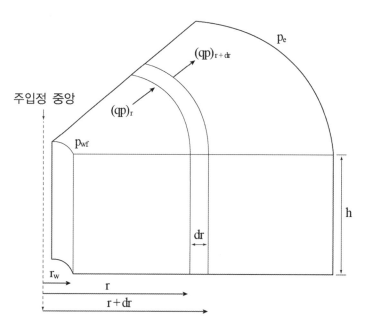

그림 5.1.2 저류층의 방사형 유동 모식도

유체 속도를 압력구배와 연관지어 설명하기 위해 유동 방정식을 연속 방정식에 대입해야 한다. Darcy의 법칙은 기본적으로 속도가 압력구배, 즉 $\partial p / \partial r$에 비례함을 의미하는 기초적인 유동 방정식이다.

$$v = -(5.615)(0.001127)\frac{k}{\mu}\frac{\partial p}{\partial r} = -(0.006328)\frac{k}{\mu}\frac{\partial p}{\partial r} \qquad \text{식}(5.1.3)$$

이때,

k = 투과도, md

식(5.1.2)와 식(5.1.3)을 결합하면 다음과 같이 식(5.1.4)를 도출할 수 있다.

$$\frac{0.006328}{r}\frac{\partial}{\partial r}\left[\frac{k}{\mu}(\rho r)\frac{\partial p}{\partial r}\right] = \frac{\partial}{\partial t}(\phi\rho) \qquad \text{식}(5.1.4)$$

식(5.1.2)에서 우변의 도함수를 전개하면 식(5.1.5)와 같고,

$$\frac{\partial}{\partial t}(\phi\rho) = \phi\frac{\partial\rho}{\partial t} + \rho\frac{\partial\phi}{\partial t} \qquad \text{식}(5.1.5)$$

위 식에서 우변의 첫 번째 항을 지층의 압축률(c_f) 함수로 나타낸 후, 최종적으로 정리하면 다음 식과 같다.

$$\frac{0.006328}{r}\frac{\partial}{\partial r}\left[\frac{k}{\mu}(\rho r)\frac{\partial p}{\partial r}\right] = \rho\phi c_f\frac{\partial p}{\partial t} + \phi\frac{\partial\rho}{\partial t} \qquad \text{식}(5.1.6)$$

식(5.1.6)은 다공성 매질에서 r방향으로 유동하는 유체의 흐름을 설명하기 위한 일반적인 편미분 방정식이다. 초기 조건에 Darcy 방정식의 가정이 추가되어 층류 유동임을 의미하지만, 유체의 종류에 대한 제한조건이 존재하지 않아 기체와 액체 모두에 대해 유효하다. 그러나 비정상 상태 유동 조건을 적용하여 실제 지층에서 유체의 유동을 표현하기 위해서는 약압축성 및 압축성 유체의 방사형 유동을 고려하여야 한다.

5.1.2 유사정상상태 유동(Pseudo Steady-state or Semi Steady-state Flow)

비정상상태 유동에서 압력구배에 의한 r_d가 r_e에 도달하면, 비정상상태 유동이 종료되며, 이후부터는 외곽경계면도 주입에 의한 r_d 내에 포함되므로 외곽경계면에서 압력 상승이 일어나기 시작한다. 이러한 유동 형태를 유사정상상태 유동이라고 한다. 이 시점에 도달하면 확산방정식에 기존 비정상상태 유동과 다른 경계 조건을 적용하여 적절한 해를 도출해야 한다.

그림 5.1.3(a)는 일정한 유량으로 충분히 긴 시간 동안 주입이 진행되어 결과적으로 $r_d = r_e$인 방사형 저류층의 주입정을 나타낸다. 비정상상태 유동에서는 압력구배가 시간에 따른 함수로 표현되지만, 유사정상상태 유동에서 압력구배는 그림 5.1.3(b)와 같이 r_d 전체에서 시간에 따라 동일하게 된다. 이를 수학적으로 표현하면 식(5.1.7)과 같다.

$$\left(\frac{\partial p}{\partial t}\right)_r = constant \qquad\qquad 식(5.1.7)$$

또한 자유가스(free gas)가 없다고 가정할 때, 식(5.1.7)에서 상수(constant)는 다음과 같이 압축률의 정의를 사용한 간단한 물질 평형 관계로 표현할 수 있다.

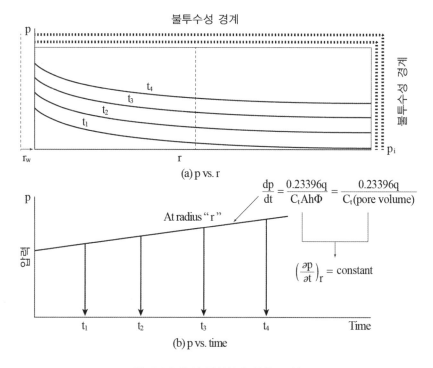

그림 5.1.3 유사 정상상태 유동 모식도

$$c = - \frac{1}{V} \frac{dV}{dp}$$ 식(5.1.8)

이를 정리한 후, 양변을 t에 대해 미분하면 아래 식과 같다.

$$cV \frac{dp}{dt} = - \frac{dV}{dt} = q$$ 식(5.1.9)

위의 식에서 dp/dt를 psi/hr 단위로 변환하여 정리하면 식(5.1.10)과 같이 나타낼 수 있다.

$$\frac{dp}{dt} = \frac{q}{24cV} = \frac{Q_o B_o}{24cV}$$ 식(5.1.10)

여기서,

q = 유량, bbl/day

Q_o = 유량, STB/day

$\frac{dp}{dt}$ = 압력구배, psi/hr

V = 공극 부피, bbl

B_o = 용적계수, bbl/STB

식(5.1.10)에 공극부피를 적용하면 식(5.1.11)과 같고, 이는 다음과 같이 유사정상상태 유동에서 압력구배의 중요한 특징들을 나타낸다.

$$\frac{dp}{dt} = \frac{0.23396\,q}{c_t (\pi r_e^2) h \phi} = \frac{0.23396\,q}{c_t A h \phi} = \frac{0.23396\,q}{c_t (pore\ volume)}$$ 식(5.1.11)

- 지층 압력은 유체 주입 속도가 증가함에 따라 더 빠른 속도로 증가
- 지층의 총 압축률 계수가 높을수록 지층 압력이 느린 속도로 증가
- 공극 부피가 큰 지층일수록 지층 압력이 천천히 증가

또한 지층 외곽 경계면이 무한 대수층(aquifer)과 접해 있어 대수층으로부터 영향반경 외부

로 물이 e_w bbl/day의 유량으로 배출되는 경우를 가정하면, 식(5.1.11)을 다음과 같이 나타낼 수 있다.

$$\frac{dp}{dt} = \frac{0.23396\,q - e_w}{c_t\,(pore\ volume)}$$

식(5.1.12)

5.1.3 약압축성 유체의 방사형 유동(Radial Flow of Slightly Compressible Fluid)

순수한 CO_2는 약 1070psi, 31.1°C에서 초임계(supercritical) 상태가 된다. 초임계 조건은 액체-기체 상변화가 일어나는 일반적인 물질상태에서 특이점인 임계점(critical point)에 도달하는 온도·압력 조건을 의미한다. 초임계 상태의 CO_2(super critical CO_2, sCO_2)는 액체와 같은 작은 압축성과 기체와 같은 작은 유동저항이라는 장점을 모두 가지고 있다. 따라서 이 책에서는 CCS에 활용하는 CO_2를 초임계 상태로 가정하여 약압축성 유체의 경우만 고려하였다. 약압축성 유체의 유량을 구하기 위해 천이유동에서 유체의 확산 방정식인 식(5.1.13)을 사용한다.

$$\frac{\partial^2 p}{\partial r^2} + \frac{1}{r}\frac{\partial p}{\partial r} = \frac{\phi\mu ct}{0.0002637k}\frac{\partial p}{\partial t}$$

식(5.1.13)

이때, 유사정상상태 유동에서 압력구배인 $\partial p/\partial t$는 상수이며 식(5.1.11)과 같이 정리할 수 있다. 이를 확산방정식 식(5.1.13)에 대입하여 다음과 같이 나타낼 수 있다.

$$\frac{1}{r}\frac{\partial}{\partial r}\left(r\frac{\partial p}{\partial r}\right) = \frac{887.22\,q\mu}{(\pi r_e^2)hk}$$

식(5.1.14)

위의 식을 적분하여 정리하면 다음 식과 같다.

$$(p_i - p_{wf}) = -\frac{141.2q\mu}{hk}\left[\ln\left(\frac{r_e}{r_w}\right) - \frac{1}{2}\right]$$

식(5.1.15)

식(5.1.15)의 유량 단위를 STB/day로 변환하여 정리하면 식(5.1.16)과 같다.

$$Q = -\frac{0.00708kh\left(p_i - p_{wf}\right)}{\mu B\left[\ln\left(\dfrac{r_e}{r_w}\right) - \dfrac{1}{2}\right]} \qquad\qquad 식(5.1.16)$$

영향반경 안에서 평균 저류층 압력(volumetric average pressure) $\bar{p}$는 일반적으로 유사정상 상태 유동에서 주입유량 Q를 계산하기 위해 사용되며, 식(5.1.16)의 p_i에 $\bar{p}$를 대입하면 식 (5.1.17)과 같이 나타낼 수 있다.

$$Q = -\frac{0.00708kh\left(\bar{p} - p_{wf}\right)}{\mu B\left[\ln\left(\dfrac{r_e}{r_w}\right) - 0.75\right]} = -\frac{kh\left(\bar{p} - p_{wf}\right)}{141.2\mu B\left[\ln\left(\dfrac{r_e}{r_w}\right) - 0.75\right]} \qquad\qquad 식(5.1.17)$$

$$여기서,\ \ln\left(\frac{r_e}{r_w}\right) - 0.75 = \ln\left(\frac{0.471 r_e}{r_w}\right)$$

따라서 $\bar{p}$는 유사정상상태 조건에서 배출 반경 r_e의 약 47% 지점에서 나타나며, 유량은 다음과 같이 표현된다.

$$Q = -\frac{0.00708kh\left(\bar{p} - p_{wf}\right)}{\mu B\left[\ln\left(\dfrac{0.471 r_e}{r_w}\right)\right]} \qquad\qquad 식(5.1.18)$$

유사정상상태 유동은 지층 전체에 걸쳐 압력구배가 일정하게 나타나는 유동 형태로, 지층에서 주입이 충분히 진행되어 압력이 증가한 영역을 의미하며, 지층의 구조에 상관없이 발생한다.

5.2 주입정 시험(Injection Well Testing)

주입성 시험은 주입정에 유체를 주입하는 동안 수행되는 압력천이시험(pressure transient test)이다. 주입성 시험과 분석은 주입 유체와 지층 유체 사이의 유동도비(mobility ratio)가 같다면 비교적 간단하게 수행할 수 있다. Earlougher(1977)는 유동도비가 1인 경우가 수공법

(water flooding)이 진행되고 있는 많은 지층에 대해서 근사하게 적용될 수 있다고 주장했다. 주입성 시험의 목적은 생산 시험의 목적과 유사하게 다음 인자들을 결정하는 것이다.

- 투과도(permeability)
- 유정손상지수(skin factor)
- 지층 평균 압력(average pressure)
- 지층 불균질성(reservoir heterogeneity)

주입정 시험은 다음과 같이 분류할 수 있다.

- 주입성 시험(injectivity test)
- 주입 압력 안정 시험(pressure falloff test)
- 주입량 변화 시험(step-rate injectivity test)

5.2.1 주입성 시험 자료 분석

주입성 시험에서는 압력이 초기 지층압력 p_i에서 안정화될 때까지 주입정이 닫혀 있다. 이때 주입은 그림 5.2.1에서 표시한 대로 일정한 주입량(injection rate, q_{inj})에서 시작하여 공저압력 p_{wf}을 기록한다. 유동도비가 1인 지층 시스템의 경우, 주입성 시험은 일정 주입량이 음수라는 점을 제외하면 압력강하시험(pressure drawdown test)과 동일하다. 그러나 여기서 설명하는 모든 관계식에서 주입량은 양의 값, 즉 $q_{inj} > 0$으로 나타낸다.

일정한 주입량의 경우, 공저압력은 식(5.2.1)의 선형 형태로 주어진다.

$$p_{wf} = p_{1hr} + m \log (t) \hspace{3cm} 식(5.2.1)$$

위의 관계는 공저 주입압력과 주입 시간의 로그 그래프에서 직선 구간을 생성하며, 다음과 같이 정의된 절편 p_{1hr}과 기울기 m을 나타낸다.

$$m = \frac{162.6 q_{inj} B \mu}{kh}$$

식(5.2.2)

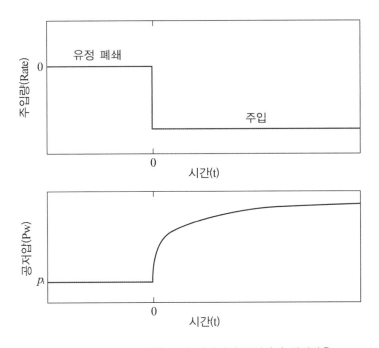

그림 5.2.1 주입성 시험 동안 이상적인 주입량과 압력반응

Sabet(1991)에 따르면 주입된 유체의 밀도가 지층 유체의 밀도보다 높은지 낮은지에 따라 주입된 유체가 지층 유체 위로 유동(override)하거나 아래로 유동(underride)하는 경향이 있으므로 주입성 시험 자료 해석에 사용되는 지층 두께(h : net pay thickness)는 압력강하시험 자료를 해석하는 데 사용되는 지층 두께와 동일하지 않을 수 있다.

Earlougher(1997)는 주입성 시험이 압력강하시험과 마찬가지로 유정저장효과(wellbore storage)가 커서 기록된 자료에 큰 영향을 미친다고 지적했다. Earlougher는 모든 주입성 시험 분석에 유정저장효과의 기간을 결정하기 위해 $(p_{wf} - p_i)$ vs. 주입시간의 로그 그래프를 적용하여 분석해야 한다고 주장했다. 앞서 정의하였듯, 유사로그(semi-log) 선의 시작, 즉 유정저장효과의 끝은 다음 식을 따라서 추정할 수 있다.

$$t > \frac{(200\,000 + 12\,000\,s)\,C}{kh/\mu}$$

식(5.2.3)

유사로그 그래프에서 직선이 확인되면, 투과도와 유정손상지수는 다음 식을 통해 결정할 수 있다.

$$k = \frac{162.6 \; q_{inj}B\mu}{mh} \qquad\qquad \text{식}(5.2.4)$$

$$s = 1.1513 \left\{ \frac{p_{1hr} - p_i}{m} - \log\left(\frac{k}{\phi\mu c_t r_w^2}\right) + 3.2275 \right\} \qquad\qquad \text{식}(5.2.5)$$

위의 관계는 유동도비가 약 1인 경우에만 유효하다. 만약 지층에서 수공법이 적용되고 있고 물 주입성 시험이 수행된다면, 유동도비를 1로 가정하여 시험 자료를 분석하는 과정을 아래와 같이 요약할 수 있다.

1단계. 로그-로그 범위에서 $(p_{wf} - p_i)$ vs. 주입 시간

2단계. 단위 경사선, 즉 45°선이 끝나는 시간을 결정

3단계. 2단계에서 관찰된 시간보다 $1\frac{1}{2}$ 로그 사이클 앞으로 당기고 유사로그 그래프에서 직선이 나타나는 시간을 읽음

4단계. 기울기가 1인 선에서 임의의 점을 선택하고 좌표 $\triangle p$와 $\triangle t$를 읽고 다음 식(5.2.6)을 적용하여 유정저장계수(wellbore storage coefficient) C를 추정

$$C = \frac{q_{inj}B \; t}{24 \triangle p} \qquad\qquad \text{식}(5.2.6)$$

5단계. p_{wf}와 t를 유사로그 스케일로 나타내고, 순간적인 유동 상태 변화에 대해 직선의 기울기 m을 계산

6단계. 식(5.2.4), 식(5.2.5)에서 각각 투과도와 유정손상지수를 계산

7단계. 주입 시간이 종료되면 영향반경 r_d을 계산

$$r_d = 0.0359 \sqrt{\frac{kt}{\phi\mu c_t}} \qquad\qquad \text{식}(5.2.7)$$

8단계. 주입 시작 전 물 구간(water bank)의 가장자리 반경(r_{wb})을 추정

$$r_{wb} = \sqrt{\frac{5.615\,W_{inj}}{\pi h \phi (\overline{S_w} - S_{wi})}} = \sqrt{\frac{5.615\,W_{inj}}{\pi h \phi (\triangle S_w)}}$$ 식(5.2.8)

여기서,

r_{wb} = 물 구간의 가장자리 반경, ft

W_{inj} = 시험 시작 시점의 누적 물 주입량, bbl

$\overline{S_w}$ = 시험 시작 시점의 평균 물 포화율

S_{wi} = 초기 물 포화율

9단계. r_{wb}와 r_d값을 비교하여 $r_d < \gamma_{wb}$라면, 유동도비 1의 가정을 만족

5.2.2 주입 압력 안정 시험 분석

주입 압력 안정 시험은 일반적으로 장기간의 주입성 시험 후에 수행된다. 그림 5.2.2에 나타난 바와 같이 주입 압력 안정 시험은 생산정의 압력상승시험(pressure buildup test)과 유사하다. q_{inj}의 일정한 주입량에서 t_p의 총 주입시간 동안 지속된 주입성 시험 후, 주입정은 폐쇄한다. 폐쇄 기간 직전과 종료 기간에 사용된 압력 자료는 Horner 도해법으로 분석한다.

기록된 주입 압력 안정 시험 자료는 다음과 같이 나타낼 수 있다.

$$p_{ws} = p^* + m \left\{ \log \left(\frac{t_p + \triangle t}{\triangle t} \right) \right\}$$ 식(5.2.9)

여기서, m은 다음과 같은 식으로 구한다.

$$m = \left| \frac{162.6 q_{inj} B \mu}{kh} \right|$$ 식(5.2.10)

여기서 p^*는 외삽에 의해서 계산된 압력인데 새로 발견된 현장에서만 초기 지층 압력과 동일하게 취급할 수 있다. 그림 5.2.3 그래프에서 $(t_p + \triangle t) / \triangle t = 1$일 때 p^*를 절편으로 하고 m의 기울기를 갖는 직선을 형성한다.

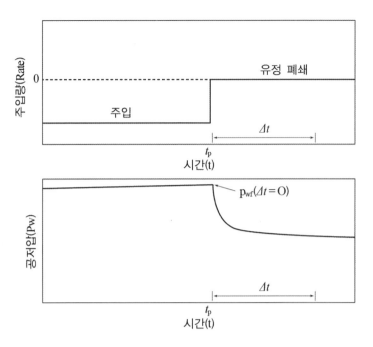

그림 5.2.2 주입 압력 안정 시험에서 이상적인 주입량과 압력 거동

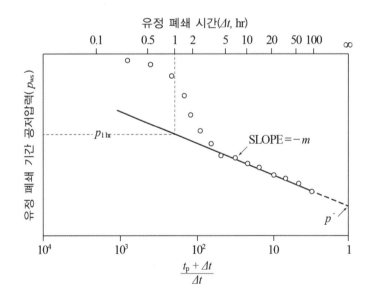

그림 5.2.3 일반적인 주입 압력 안정 시험의 Horner 도해법(Ahmed와 McKinney, 2012)

로그-로그 자료 그래프는 유정저장효과의 끝과 유사로그 직선의 시작을 적절히 판단하기 위해 사용한다. 투과도 및 유정손상지수는 이전에 언급한 다음과 같은 식으로 추정한다.

$$k = \frac{162.6 q_{inj} B \mu}{|m| h}$$

식(5.2.11)

$$s = 1.1513 \left\{ \frac{p_{wf\,at\,\Delta t=0} - p_{1hr}}{|m|} - \log\left(\frac{k}{\phi \mu c_t r_w^2}\right) + 3.2275 \right\}$$

식(5.2.12)

Earlougher(1977)는 주입 압력 안정 시험 전에 주입량이 변하는 경우 다음과 같은 방법으로 등가주입시간을 근사하게 구할 수 있다고 언급했다.

$$t_p = \frac{24 W_{inj}}{q_{inj}}$$

식(5.2.13)

여기서, W_{inj}는 최종 압력이 안정화될 때까지(유정 폐쇄 직전까지) 누적주입량, q_{inj}는 폐쇄 직전 주입량이다.

주입성 시험이 끝나고 주입 압력 안정 시험이 시작된 후에 유정저장효과의 변화가 나타나는 것은 드물지 않다. 이는 시험 중에 진공상태가 되는 모든 유정에서 발생한다. 공저압력이 물 표면에 컬럼을 지지하기에 불충분한 값으로 감소하면 주입정은 진공상태로 전환된다. 진공이 되기 전 주입정은 물의 팽창으로 인해 축적되는데 이는 진공 후, 축적되는 유체의 높이가 떨어지기 때문이다. 이러한 축적의 변화는 일반적으로 압력 감쇄율(rate of pressure decline)의 감소 때문에 나타난다.

주입 압력 안정 시험 자료는 MDH(Miller-Dyes-Hutchinson)가 제안한 p_{ws} vs. $\log(\Delta t)$를 그래프로 표시하여 그래픽 형태로 표현할 수 있다. MDH 분석에서 계산된 압력 $p*$를 추정하는 식은 식(5.2.14)와 같다.

$$p* = p_{1hr} - |m| \log(t_p + 1)$$

식(5.2.14)

Earlougher는 t_p가 폐쇄 시간의 약 두 배 이상이면 MDH 도해법을 사용하는 것이 더 실용적이라고 언급했다.

유동도비가 1이 아닌 시스템에서 주입 압력 안정 시험 자료 분석은 다음과 같다.

그림 5.2.4는 주입정 주변의 포화율 분포에 대한 평면도이다. 이 그림은 두 개의 다른 영역을 보여준다.

1구간. 주입정에서 멀리 떨어진 앞쪽 가장자리의 물 구간을 나타낸다. 이 구간에 주입된 유체의 유동도(mobility)는 평균 포화 상태에서 주입된 유체의 점성도에 대한 유효투과도(effective permeability) 비율로 다음과 같이 정의한다.

$$\lambda_1 = (k/\mu)_1 \qquad\qquad 식(5.2.15)$$

2구간. 주입정에서 r_{f2} 거리에 있는 앞쪽 가장자리가 오일 구간(oil bank)에 해당한다. 이 구간의 유동도 λ는 초기 또는 원생수(connate water) 포화율에서 평가된 오일 유효투과도와 점성도의 비로 정의된다.

$$\lambda_2 = (k/\mu)_2$$

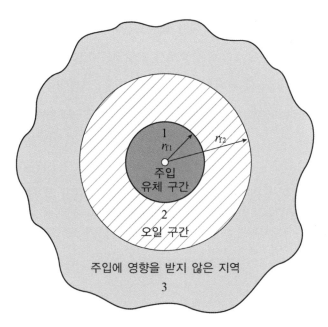

그림 5.2.4 주입정 주변 유체 분포에 대한 개념도(Ahmed와 McKinney, 2012)

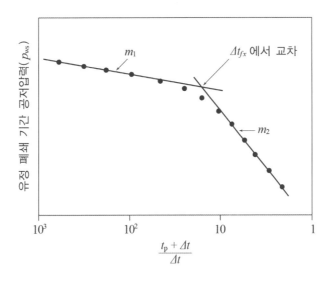

그림 5.2.5 2개 유체 구간 시스템에서 주입 압력 안정 시험 압력 거동

2개 구간 시스템의 가정은 만약 지층이 액체로 채워져 있거나, 주입 압력 안정 시험의 최대 시간에서 영향반경이 오일 구간의 외부 반경을 초과하지 않을 때 적용 가능하다. Horner 도해법으로 표현된 두 가지 유체 구간 시스템에서 주입 압력 안정 시험이 정상적으로 수행되었을 때 압력 거동이 그림 5.2.5에 표시되어 있다.

그림 5.2.5에서 보여주는 두 가지 뚜렷한 기울기를 가진 m_1과 m_2 직선은 $\triangle t_{fx}$에서 교차한다. m_1의 첫 번째 직선 기울기를 통해 물 주입 구간에서 물 유효투과도 k_w와 유정손상지수 s를 추정할 수 있다. 두 번째 기울기인 m_2는 오일 구간 유동도를 계산하는 데 사용될 수 있다. 그러나 Merrill 등(1974)은 기울기 m_2가 오일 구간에서 다음과 같은 조건 $r_{f2} > 10 \ r_{f1}$, $(\phi c_t)_1 = (\phi c_t)_2$, 을 만족할 때만 오일 유동도를 계산하는 데 사용될 수 있다는 점을 지적했다. 앞서 말한 기술은 첫 번째와 두 번째 구역에서 (ϕc_t)를 아는 것이 필요하다. 이 시스템에서 유동도는 식(5.2.16)으로 표현된다.

$$\lambda = \frac{k}{\mu} = \frac{162.6QB}{m_2 h} \qquad\qquad 식(5.2.16)$$

2개 유체 구간으로 구분되는 시스템에서 주입 압력 안정 시험 자료를 Horner 도해법으로 해석할 때 필요한 몇 가지 그래프의 상관관계를 그림 5.2.6과 5.2.7에 나타내었다.

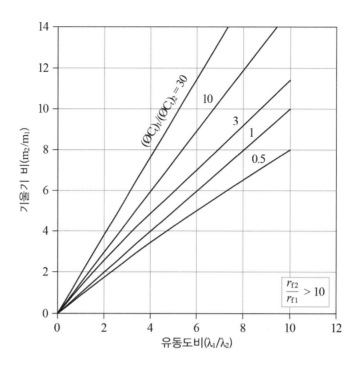

그림 5.2.6 유동도비, 기울기율(slope ratio), 저장률(storage ratio) 간의 상관관계(Merrill 등, 1974)

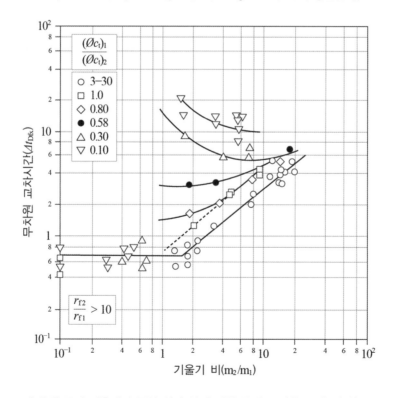

그림 5.2.7 2개 유체 구간 지층에서 주입 압력 안정 시험 동안 무차원 교차 시간(Merrill 등, 1974)

이러한 시스템에서 분석을 위해 제안된 방법은 다음과 같이 요약할 수 있다.

1단계. 로그−로그 스케일로 $\triangle p$ vs $\triangle t$ 그래프를 그리고 유정저장 효과가 끝나는 시점 결정

2단계. Horner 도해법 또는 MDH 도해법과 m_1 m_2 $\triangle t_{fx}$의 결정

3단계. 첫 번째 구간의 유효투과도, 주입된 유체의 침투 영역, 다음의 식을 통한 1번 구간의 투과도와 유정손상지수 추정

$$k_1 = \frac{162.6 \ q_{inj}B\mu}{|m_1|h} \qquad\qquad 식(5.2.17)$$

$$s = 1.1513\left\{\frac{p_{wf\,at\,\triangle t\,=\,0} - p_{1\,hr}}{|m_1|} - \log\left(\frac{k_1}{\phi\mu_1(c_t)_1 r_w^2}\right) + 3.2275\right\} \qquad 식(5.2.18)$$

아래 첨자 "1"은 1구간을 표시하는 것이며, 주입된 유체 영역이다.

4단계. 다음의 무차원 비율을 계산:

$$\frac{m_2}{m_1} \ \ and \ \ \frac{(\phi c_t)_1}{(\phi c_t)_2}$$

"1"과 "2" 표시는 각각 1구간과 2구간을 표시하는 것이다.

5단계. 4단계에 구한 두 개의 무차원 비율을 그림 5.2.6에 적용하여 λ_1/λ_2를 읽는다.

6단계. 다음의 식에서 두 번째 영역의 유효투과도를 추정한다.

$$k_2 = \left(\frac{\mu_2}{\mu_1}\right)\frac{k_1}{\lambda_1/\lambda_2} \qquad\qquad 식(5.2.19)$$

7단계. 그림 5.2.7의 무차원 시간 Δt_{Dfx}을 구한다.

8단계. 주입된 유체 구간 r_{f1}의 앞쪽 가장자리까지의 거리를 계산한다.

$$r_{f1} = \sqrt{\left(\frac{0.0002637(k/\mu)_1}{(\phi c_t)_1}\right)\left(\frac{\Delta t_{fx}}{\Delta t_{Dfx}}\right)} \qquad 식(5.2.20)$$

5.2.3 주입량 변화 시험 자료 분석

주입량 변화 시험은 지층 내에서 균열을 유발할 수 있는 압력을 결정하기 위해 설계되었다. 이 시험에서 물은 주입량이 증가하기 전 30분 동안 일정한 양으로 주입되고 각각 30분 동안 주입을 유지한다. 이후 각 단계의 주입 마지막, 즉 안정화된 시점에 관측된 압력과 주입량을 도시하여 분석을 수행한다. 그림 5.2.8에 나타낸 것처럼 두 단계에서 직선이 교차하는 점에서 파쇄압을 산출할 수 있다. 시험 절차는 다음과 같다.

1단계. 유정을 닫고 공저압력이 안정화되게 한다(만약, 유정 폐쇄가 불가능하거나 어렵다면 낮은 유량으로 유정을 안정화한다).

2단계. 낮은 주입량으로 유정을 열고 이 유량을 미리 계획한 시간 동안 유지한다. 주입 기간이 끝날 때까지 압력을 기록한다.

3단계. 주입량을 증가시키고 2단계에서 사용된 것과 동일한 기간 동안 주입한 후 마지막에 다시 압력을 기록한다.

4단계. 균열 생성 압력이 그림 5.2.8에 표시된 그래프에 표시될 때까지 주입량을 변화시키면서 3단계 시험을 반복한다.

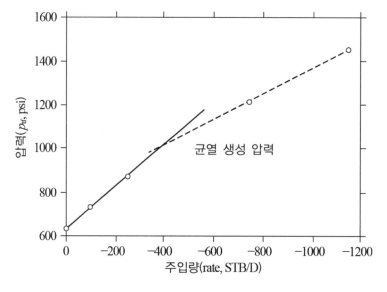

그림 5.2.8 주입량 변화 시험 자료

5.3 CO$_2$ 주입시험 고려사항

본 절에서는 MRCSP(Midwest Regional Carbon Sequestration Partnership)에서 수행한 CO$_2$ 주입시험 사례를 통해 CO$_2$ 주입시험 시 고려해야 하는 사항에 대해서 알아보고자 한다.

5.3.1 프로젝트 개요

MRCSP 상업적 규모의 CCS 시범 프로젝트는 북미시건주 실루리아기 탄산염암 피너클 리프 (Silurian carbonate pinnacle reefs)에서 수행되었다. 이 유전에서 1-33 주입정을 통해 CO$_2$를 주입하였고, 2-33, 5-33 관측정에서 주입에 따른 압력 변화를 관측하였다. 1-33 주입정은 탄산염암 지층을 대상으로 150ft를 천공하였고, 최고 천공심도가 4310.96ft msl(mean sea level)이기 때문에 오일-물 경계면(약 4345 ft msl) 상부에 CO$_2$가 주입되었다. 5-33 관측정은 경사도가 큰 경사정으로 얇은 구간에 대해 천공이 수행되었다(MD(measured depth) 기준 80ft, TVD(true vertical depth) 기준 15ft). 이 관측정의 최고 천공심도는 4342.78ft msl로 주입정에 비해 심도가 32ft 깊다. 2-33 관측정은 수평 나공(openhole)으로 심도는 4343.75ft msl이고 최고 천공심도는 5-33 관측정과 동일하다.

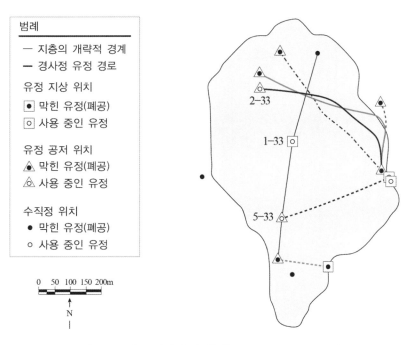

그림 5.3.1 연구 지역 유정 위치(Mark Kelley 등, 2014)

5.3.2 생산 이력

대상 탄산염암 지층은 1차 회수와 CO_2-EOR이 진행되었다. 1차 회수는 1975년 5월부터 1996년 4월까지 수행되었고, 오일 130만 STB, 가스 160만 SCF, 14만 2천 bbl의 물이 생산되었다. CO_2-EOR은 1996년 12월부터 2007년 11월까지 지속적으로 수행되었고, 2012년 말까지 간헐적으로 생산이 진행되었다. 이 결과로 오일 50만 STB, 가스 66만 SCF, 물 약 11만 bbl이 추가로 생산되었다.

CO_2-EOR을 시작 전에 지층 압력의 안정화를 위해 1996년 5월부터 1996년 11월까지 7개월 동안 생산 없이 CO_2가 주입되었다. CO_2-EOR 기간 동안 약 129만 톤(24,510 MMSCF)의 CO_2가 주입되었고, 108만 톤(20,520 MMSCF)의 CO_2가 회수되었다. 이를 통해 20만 톤의 CO_2가 저장되었음을 확인할 수 있다. CO_2-EOR을 위해 1-33 주입정을 통해 모든 CO_2가 주입되었고, 생산은 2-33과 5-33 유정을 통해 진행되었다. CO_2-EOR 기간 동안의 CO_2 주입 이력은 그림 5.3.2와 같다.

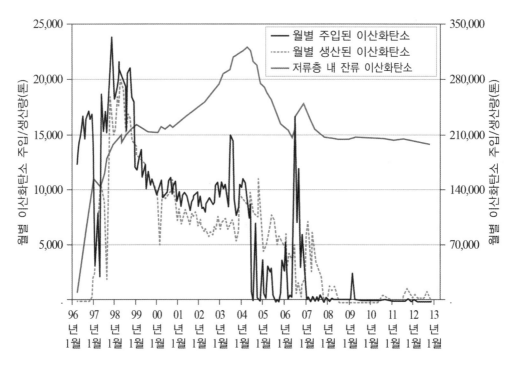

그림 5.3.2 EOR 기간 동안 월별 CO_2 주입과 생산 이력(Mark Kelley 등, 2014)

5.3.3 CO_2 주입 프로젝트(MRCSP Phase III)

이 프로젝트는 약 2년 동안 CO_2를 주입할 계획이었고, 지층 압력이 US EPA(Environmental Protection Agency)의 UIC(Underground Injection Control) 프로그램에서 지정한 최대압력에 도달할 때까지 주입할 계획이었다. CO_2 주입 지층의 물성 산출을 위해 2013년 2월 24일부터 2013년 11월 19일까지 8시간에서 111일(16주)까지 다양한 기간 동안 주입시험이 수행되었다. 각 각의 주입시험에는 지층 물성을 구하기 위한 주입 압력 안정 시험 자료를 취득하여 천이유동 해석을 수행하였다. 주입 압력 안정 시험은 최소 5일에서 5주까지 수행되었지만 전체 기간 동안의 공저압력을 측정하지는 못하였는데 그 이유는 물리검층 등을 수행하기 위해 압력 게이지를 제거하였기 때문이다. 이 결과로 최대로 압력을 취득한 기간은 약 3주이다. 약 16주 시험 기간 동안 약 16만 톤의 CO_2가 주입되었다.

표 5.3.1 MRCSP Phase III 프로젝트 CO_2 주입 이력(Mark Kelley 등, 2014)

주입 기간	주입 시작 일시	주입 완료 일시	주입 기간 (days)	CO_2 주입량 (톤)	주입 압력 안정 완료 일시	주입 압력 안정 기간 (days)
8시간 시험	2/24/2013 10:49:16 AM	2/24/2013 7:31:54 PM	0.36	246	3/1/2013 1:00:22 PM	4.7
1일 시험	3/1/2013 1:00:22 PM	3/2/2013 1:00:26 PM	1	841	3/20/2013 10:00:22 AM	17.8
9일 시험	3/20/2013 10:00:22 AM	3/29/2013 10:00:08 AM	9	9,289	4/23/2013 12:55:27 PM	25
11주 시험	4/23/2013 12:55:27 PM	7/8/2013 10:05:46 AM	75.9	68,646	7/31/2013 11:59:59 AM	23
16주 시험	7/31/2013 11:59:59 AM	11/19/2013 10:00:05 AM	110.9	87,181	12/26/2013 10 AM	37

5.3.4 CO_2 주입에 따른 지층 압력 변화

주입시험 기간 동안 지층 압력 변화를 측정하기 위해 주입정과 관측정에 모두 공저압력 게이지가 설치되었다. CO_2 주입량은 주입설비에 설치된 측정기를 통해 1분 단위로 연속적으로 측정되었다. CO_2 주입시험 기간인 16주 동안 주입거동은 그림 5.3.3과 같다. 3개 유정에서 초기 지층 압력은 약 780psi(1-33), 625psi(5-33), 440psi(2-33)로 측정되었고, 16주 동안의 주입 압력 안정 시험 이후 지층 압력은 약 1450psi(1-33), 1400psi(5-33), 1100psi(2-33)으로 측정되었다. 1-33 수직 주입정은 압력 게이지가 지층 주입 천공 심도에 설치되었고, 경사정인 2-33과 5-33 관측정은 대상 지층 상부에 압력 게이지가 설치되었다. 2-33 관측정은 수평 나공 구간보다 610ft 상부에 게이지가 설치되었고, 5-33 관측정은 9일간의 주입시험 이후 시험에서는 천공 구간 중심부에서 약 320ft, 9일간의 주입시험 이전에는 약 375ft에 설치되었다. 마지막으로 9일간의 주입시험 중에는 5-33 게이지가 미세탄성파시험(micro-seismic)을 위해 천공구간 중심부에서 10ft 상부에 설치되었다.

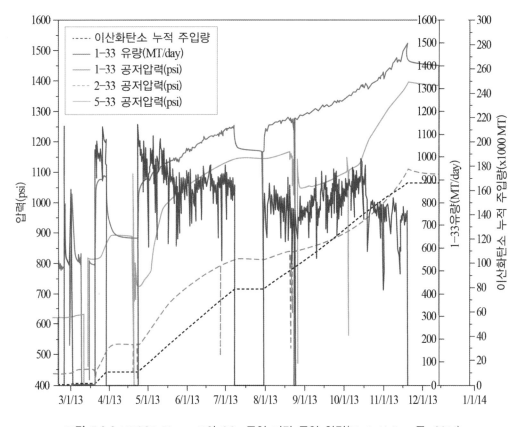

그림 5.3.3 MRCSP Phase III의 CO$_2$ 주입 기간 동안 압력(Mark Kelley 등, 2014)

5.3.5 주입 압력 안정 시험 자료 해석

주입 압력 안정 시험 자료의 해석은 이론적 모델(analytical model)과의 이력 맞춤(history matching)을 통해 수행되었다. 주입시험 기간 동안 지층 압력 변화를 측정하기 위해 주입정과 관측정에 모두 공저압력 게이지가 설치되었다. 이력 맞춤 과정에서 모델 변수 중 일부는 관측된 압력과 해석 프로그램에서 계산된 압력을 토대로 조정되었다. 먼저 주입정은 압력 안정 시험 자료에 대해 압력 미분 값을 포함하여 이력 맞춤이 수행되었다. 이력 맞춤 작업은 1개 주입정과 2개 관측정에 대해 4번의 압력 안정 시험(1-day, 9-day, 11-week, 16-week) 자료 해석이 수행되었다.

1-33 수직 주입정에 대한 해석은 WellTest^{TM} 소프트웨어의 3개-구역 복합 방사형 모델(three-zone composite radial model)이 사용되었고, 2개 관측정에 대한 해석은 단일-구역 방사형 모델이 사용되었다. 해석 결과 2개 관측정에 대한 해석에서는 다중-구역 합성 모델이 이력 맞춤에서 더 나은 결과가 나오지 않았다. 모델 변수와 가정은 다음과 같다.

- **경계 조건** : 모든 유정에서 압력 반응으로부터 비유동 외곽 경계조건이 적용되었다.
- **지층 두께** : 주입 대상 탄산염암 지층의 두께는 1-33 주입정의 천공구간 길이인 150ft로 가정하였다.
- **지층 반경** : 지층의 반경은 탄성파 탐사자료와 유정자료의 해석으로부터 산출하였는데 이력 맞춤에는 1000ft에서 1500ft 사이의 값이 사용되었다.
- **지층 공극률** : 모든 해석 케이스와 구역에서 일정한 값으로 5%가 사용되었는데 물리검층에서 산출된 평균값이다.
- **유체 상변화** : CO_2는 지층 온도, 압력 조건에서 기체상, 액체상뿐만 아니라 초임계상(액체 같은 밀도, 기체 같은 점성도)으로 존재하기 때문에 이력 맞춤은 기체 모델(gas model)과 액체 모델(liquid model)을 모두 사용해서 해석되었다. 1-33 주입정에서 주입 압력 안정 시험 기간 동안 밀도를 지층 압력과 온도의 함수로 나타내었는데(그림 5.3.4), 이를 보면 지층에 주입된 CO_2가 3개 상으로 모두 존재할 수 있음을 알 수 있다. 기체 모델과 액체 모델 모두에서 지상 유량계에서 계측된 CO_2 유량을 저류층 온도, 압력조건으로 환산하여 주입량을 계산하였다.
- **점성도** : 점성도는 주입시험 시 지층 조건에 따라 0.02cp에서 0.05cp 사이에서 변한다. 지층 압력이 낮은 상태에서 시행된 주입시험에서는 0.02cp가 적용되었고, 지층 압력이 높은 상태의 주입시험에서는 0.05cp가 사용되었다.
- **압축률** : 총 압축률은 지층 압축률과 유체 압축률을 합한 것이고 유체 압축률은 각 상의 포화율을 가중치로 해서 다음과 같은 식으로 계산되었다.

$$c_t = c_f + c_g S_g + c_o S_o + c_w S_w \hspace{3cm} \text{식}(5.4.1)$$

액체 모델에서 총 공극률은 각 구역마다 입력되고 시험기간 동안 일정하게 설정하였다. 그러나 가스 모델에서는 주입압력의 함수로 계산되어 입력되었다. 주입시험 자료의 이력맞춤 과정에서 순수 CO_2의 압축률은 $1.0e^{-4}$에서 $1.0e^{-2}$ psi^{-1} 값으로 설정되었다.

- 유정손상지수 : 초기 유정손상지수는 시험 자료의 분석을 통해서 얻고 시험 자료 이력 매칭을 통해 산출하였다. 최종 유정손상지수는 -3.5에서 -5.5로 산출되었다.

- 관측정까지 거리 : 5-33 주입정의 분석을 위해서 1-33 유정과 5-33 유정의 공저 거리로부터 750ft를 사용하였다. 또한 2-33 유정자료 분석을 위해서 565ft부터 700ft 사이의 값이 사용되었는데 이는 2-33 유정이 수평정이기 때문이다.

- 계산된 입력자료 : 유정시험 자료 해석 소프트웨어를 사용하면 이력매칭을 통해 유동도(Mobility : k/μ)를 계산할 수 있기 때문에 점성도를 안다면 투과도를 산출할 수 있다. 따라서 점성도 값이 변경되면 계산되는 투과도가 다시 계산되었다. 여기서 계산되는 투과도는 절대투과도가 아니라 유효투과도로 판단하는 것이 정확하다.

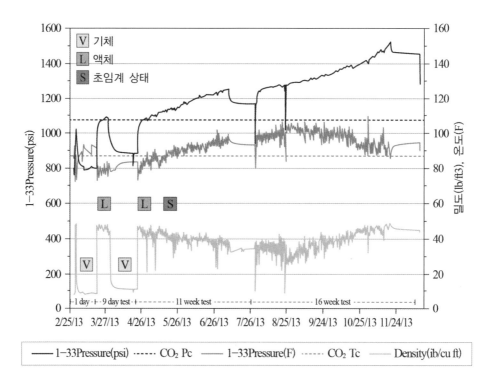

그림 5.3.4 1-33 주입정에서 온도 압력에 따른 CO_2 밀도 변화(Mark Kelley 등, 2014)

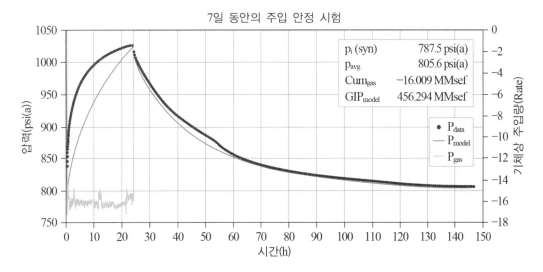

그림 5.3.5 1일 시험 압력 자료에 대한 이력 맞춤 결과(복합 가스 모델)(Mark Kelley 등, 2014)

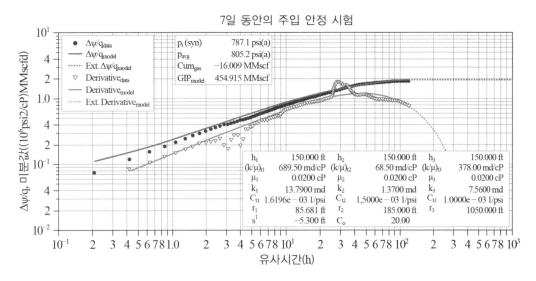

그림 5.3.6 1일 시험 주입 압력 안정 시험 자료에 대한 압력 및 압력 미분 매칭 결과(가스 모델)(Mark Kelley 등, 2014)

5.3.6 주입 압력 시험 자료 이력 맞춤(History Matching)

1) 1일 시험

• 1-33 주입정 : 주입성 시험과 주입 압력 안정 시험에서 취득된 압력 자료와 압력 미분 자료에 대해 3개-구역 복합 방사형 가스 모델을 통해 이력 매칭을 수행하여 의미 있는 결과를 산출하였다. 해당 시험에 대한 이력 맞춤 결과는 그림 5.3.5와 5.3.6과 같다. 분석 결과 내부,

중앙, 외부 영역에 대해 각각 690, 69, 378md/cp의 유동도를 산출하였고, 해당 투과도 값은 각각 14, 1, 8md(점도 기준 0.02cp)로 계산되었다. 이 가스 모델에 대해 사용된 c_t값은 초기 사용자 지정 값이므로 모델로 계산된 최종 c_t값과 일치하지 않는다. 이 시험 자료에 대해 액체 모델을 이용해서는 의미 있는 매칭 결과를 산출하지 못하였다.

- 5-33 관측정 : 이 유정에 대한 시험 자료 분석은 단일-구역 가스 모델을 이용하여 분석을 수행하였다. 그 이유는 1-33 주입정에서 측정된 압력을 기반으로 대부분의 시험 기간 동안 주입정과 관측정 사이 지층 압력이 CO_2 임계압력보다 낮을 가능성이 높기 때문이다. 가스 모델을 이용한 매칭 결과, 유동도가 417md/cp로 산출되었고 이를 근거로 투과도는 8md로 예측되었다(0.02cp 점도 기준).

- 2-33 관측정 : 이 유정에 대한 시험 자료 분석도 5-33과 마찬가지로 가스 모델을 통해 해석 되었고 유동도와 투과도가 각각 500md/cp, 10md로 산출되었다(0.02cp 점도 기준).

2) 9일 시험

- 1-33 주입정 : 취득된 주입성 시험과 주입 압력 안정 시험 자료에 대해 3개-구역 복합 방사형 가스 모델(그림 5.3.7, 그림 5.3.8)과 유사 액체 모델(그림 5.3.9, 그림 5.3.10)을 이용하여 이력 맞춤을 수행하였다. 그러나 주입 초기에 모델링된 압력이 측정된 압력과 거의 일치하지 않는 다. 이는 주입 및 주입 압력 안정 기간 동안 CO_2의 상변화로 인한 결과이며, 이로 인해 단일 모델로 분석이 불가능하다. 1-33 주입정의 CO_2 밀도 변화를 나타낸 그림 5.3.4를 보면, 주입 기간 동안 CO_2가 가스에서 액상 또는 초임계 유체로 전환되고 주입 압력 안정 기간 동안 다시 가스상으로 전환되는 것을 알 수 있다. 따라서 복합 가스 모델 결과가 더 신뢰성이 있을 수 있다. 복합 가스 모델 분석 결과 3개 구역인 내부, 중앙, 외부 구역에 대해 유동도가 각각 1346, 200, 700md/cp로 산출되었다. 이 결과로부터 상응하는 투과도 값은 27, 4, 14md(점성도 0.02cp 기준)로 계산되었다. 유사 액체 모델은 내부, 중앙, 외부 구역에서 유동도가 각각 1316, 150, 263md/cp로 산출되었고, 투과도는 26, 3, 5md(점성도 0.02cp 기준)로 계산되었다.

- 5-33, 2-33 관측정 : 두 관측정에 대한 9일 시험 자료 해석은 1일 시험 자료 해석과 동일한 가스 모델로 분석되었고 특이 사항은 없다. 해석 결과 5-33 관측정은 유동도 222md/cp, 투과도 4md로 산출되었고, 2-33 관측정은 265md/cp, 5md로 산출되었다(0.02cp 점도 기준).

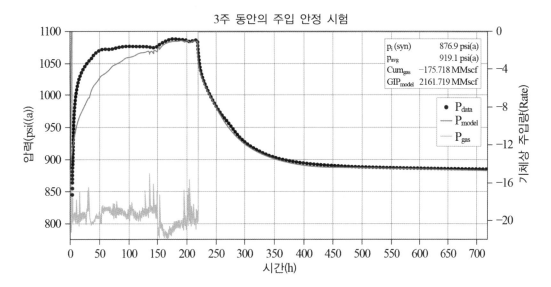

그림 5.3.7 9일 시험 압력 자료에 대한 이력 맞춤 결과(복합 가스 모델)(Mark Kelley 등, 2014)

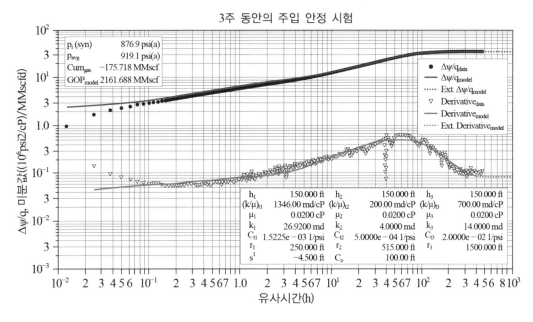

그림 5.3.8 9일 시험 주입 압력 안정 시험 자료에 대한 압력 및 압력 미분 매칭 결과(복합 가스 모델)
(Mark Kelley 등, 2014)

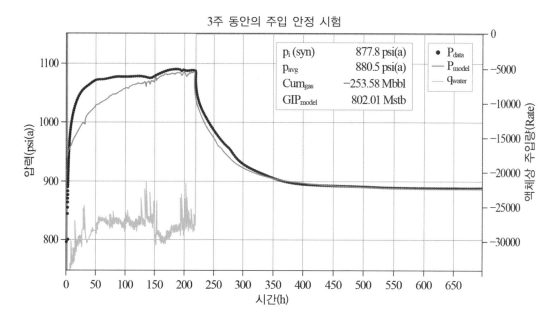

그림 5.3.9 9일 시험 압력 자료에 대한 이력 맞춤 결과(액체 모델)(Mark Kelley 등, 2014)

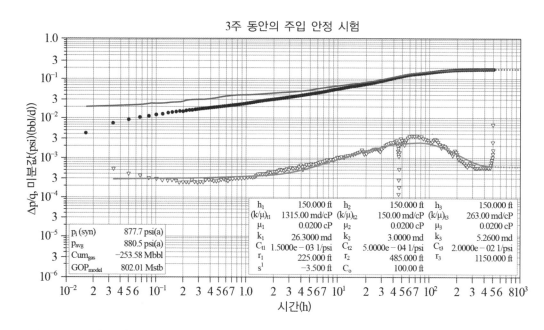

그림 5.3.10 9일 시험 주입 압력 안정 시험 자료에 대한 압력 및 압력 미분 매칭 결과(액체 모델)(Mark Kelley 등, 2014)

3) 11주 시험

- 1-33 주입정 : 1-33 주입정의 CO_2 밀도가 그림 5.3.4와 같이 시험 동안 주입정 근처에서 주로 액체 및 초임계 유체 상태로 존재하는 것으로 나타났다. 11주 주입 기간 동안, CO_2 주입이 진행됨에 따라 CO_2는 지층으로 더 넓게 이동하고 지층 부피를 더 많이 차지하게 된다. 결과적으로, 이로 인해 지층 내의 유체 특성(예: CO_2 상태, 점성도, 압축률)이 공간적으로 상이하게 되어 단상 유체분석 모델을 통해 시험 자료를 해석하는 것이 불가능하게 된다. 따라서 정확한 이력 맞춤을 위해 세 개의 시나리오가 개발되었다.

시나리오 1: 주입성 시험과 주입 압력 안정 시험 자료에 대해 3개-구역 복합 방사형 가스 모델을 이용하여 이력 맞춤을 수행하였다. 그러나 압력 미분 값을 일치시키기 위해 외부 경계 반경을 2000ft로 늘려야 하며, 이는 지층의 크기를 초과할 수 있다. 따라서 실제 지층 크기보다 더 큰 외부반경을 모델에 적용하였다. 이 분석에서 내부, 중앙, 외부 구역에 대해 유동도가 각각 625, 375, 83md/cp로 산출되었다. 이 결과로부터 상응하는 투과도 값은 19, 11, 3md (점성도 0.03cp 기준)로 계산되었다.

시나리오 2: 3개-구역 가스 모델(alternate three-zone gas model)을 사용해서 주입 압력 안정 시험 자료에 대한 압력 미분 곡선 이력 맞춤 결과가 더 우수하게 나타났다. 그러나 이 모델은 주입성 시험 자료와 일치하지 않는 문제가 있다. 이 모델에 대한 분석 결과 내부, 중앙, 외부 구역에 대해 유동도가 각각 425, 1000, 833md/cp로 산출되었고, 투과도는 13, 30, 25md(0.03cp의 점도 기준)로 계산되었다.

시나리오 3: 주입시험과 주입 압력 안정 시험에 자료에 대해 3개-구역 복합 방사형 액체 모델을 이용하여 이력 맞춤을 수행하였다. 그러나 작은 불투과성 경계 때문에 이 모델을 사용하여 주입 압력 안정 시험 후반부 압력 미분 값을 맞추는 것은 불가능했다. 이 모델에 의한 분석을 통해 내부, 중앙, 외부 구역에 대해 유동도가 각각 450, 500, 50md/cp로 산출되었고, 투과도 값은 14, 15, 2md(0.03cp의 점도 기준)로 계산되었다. 이 분석에서 주입 기간 자료를 제외하여도 압력 미분 값을 매칭할 수 없었는데, 이는 대부분의 시험기간 동안 CO_2가 액체 상태가 아닌 초임계 유체 상태였기 때문이다.

관측정에 대한 11주 시험 자료 분석은 가스 모델과 액체 모델을 사용하여 각각 분석되었다.

4) 16주 시험

• 1-33 주입정 : 11주 시험과 유사하게, 시험 기간 동안 CO_2가 초임계 유체 상태인 것을 확인할 수 있다(그림 5.3.4). 이 시험 자료는 WellTest^{TM} 소프트웨어를 사용하여 이력 맞춤을 수행하기가 가장 어려웠다. 이 자료의 해석을 위해 두 가지 이력 맞춤 기법이 적용되었는데, 시나리오 1은 3개-구역 방사형 복합 가스 모델을 사용하였고, 시나리오 2는 주입 압력 안정 시험의 압력 미분 해석 정확도를 높이기 위해 액체 모델을 적용하였다.

결론적으로 주입 및 주입 압력 안정 시험 자료의 해석은 지층에서 CO_2 특성 변화와 유체 상변화 때문에 단순한 단상 분석 모델을 통해 수행하기가 어렵다. 따라서 시험 자료의 일관된 분석을 위해서는 지층 전체에 대한 다성분 저류 모델이 필요하다.

5.4 CO_2 주입 압력 안정 시험 가이드라인

5.4.1 일반사항

일반적으로, EPA(Environmental Protection Agency)에 대한 보고서는 주입 압력 안정 시험에 대한 일반적인 정보와 개요, 시험 중에 취득한 압력 자료의 분석, 시험 결과의 요약, 그리고 사용된 변수와 산출된 결과의 비교가 제시되어야 한다. 시험을 수행한 운영자와 유정자료가 취득 후에 변경되지 않으므로 연간 보고서와 함께 복사하여 제출할 수 있다. 주입 압력 안정 시험 보고서는 다음을 포함해야 한다.

정보

1. 회사명과 주소
2. 시험 대상 유정의 이름과 위치
3. 시설 연락 담당자의 이름과 전화번호, 시설 연락 담당자 이외의 시설에서 승인한 경우, 계약자의 연락처가 포함될 수 있다.
4. 주입 구간의 두께와 지층의 형태를 보여주는 주입 구간의 나공 물리검층(자연전위 또는 감마선)의 사본. 전체 로깅 자료는 필요하지 않다.
5. 현재 공저의 상황과 유정완결 정보를 보여주는 도식
   • 유정반경(wellbore radius)

- 유정완결(well completion) 구간의 심도

- 유정완결 유형(천공, 스크린 및 자갈포장(gravel packed), 나공)

6. 주입 심도와 tagged 자료

7. 오프셋(Offset) 유정 정보

- 시험 대상 유정과 동일한 구간이 완결되었거나 간섭시험을 함께 진행한 오프셋 유정 간의 거리

- 주입 및 오프셋 유정들의 위치에 대한 간단한 그림

8. 시험기간 동안 일일 활동에 대한 시간순 목록을 포함한다.

9. 압력 게이지(pressure gauge)에서 측정된 원시 자료(시간, 압력 및 온도)를 저장장치에 기록하여 제출. READ.ME 파일 또는 디스크 레이블에는 포함되는 모든 파일과 자료에 대한 설명을 나열해야 한다. 분석에 사용된 가공 자료가 들어 있는 별도의 파일을 추가 파일로 제출할 수 있다.

10. 주입 압력 안정 시험을 진행하는 동안의 주입량을 표 형식으로 요약한다.

   최소한 주입 압력 안정 시험 전 48시간 동안의 주입량 정보나 주입 압력 안정 시험 기간의 2배에 해당되는 시간 동안의 주입량 정보가 권장된다. 만약 유량이 변화하고 유량 정보가 10개를 초과할 경우, 유량 자료는 보고서의 인쇄본뿐만 아니라 전자 방식으로도 제출해야 한다. 주입량과 시간의 그래프를 포함하는 것도 주입 압력 안정 시험을 시작하기 전에 유량 변화의 크기와 횟수를 설명하는 좋은 방법이다.

11. 동일한 구간을 유정완결한 오프셋 유정의 유량 정보를 포함한다.

   최소한 주입 압력 안정 시험을 진행하는 48시간 동안의 주입 압력 안정 시험 주입량은 표 형식과 전자 형식으로 포함되어야 한다. 유량과 시간 그래프를 추가하는 것도 생산량 변화를 설명하는 데 도움이 된다.

12. 보고서에서 분석된 시간과 압력 데이터의 인쇄본을 제출한다.

13. 압력 게이지

- 유정시험을 진행하는 데 사용된 모든 게이지 포함

- 각 게이지의 설치 심도

- 게이지 제조업체 및 유형, 게이지의 계측 범위를 포함

- 전체 범위의 %로써의 게이지의 해상도와 정확도

- 교정 인증서 및 제조업체의 권장 교정 빈도

14. 일반적인 주입시험 정보

   - 주입시험 날짜
   - 시간 동기화: 특정 시간 및 날짜는 제출된 각 압력 파일에서 동일한 시간으로 동기화되어야 한다. 시험 대상 유정과 오프셋 유정의 유량에서도 시간을 동기화해야 한다.
   - 폐쇄 밸브 위치(예: 정두에 있는지 또는 정두에서 피트 심도 인지 확인)

15. 지층 변수

   - 지층 유체의 점성도, $_f cp$(직접측정 또는 실험식)
   - 공극률, N fraction(물리검층 자료 분석 또는 코어실험)
   - 총 압축률, c_t psi^{-1}(실험식, 코어실험 또는 유정시험)
   - 용적계수, rvb/STB(실험식, 일반적으로 물에 대해 1로 가정)
   - 초기 지층 압력
   - 지층 압력이 마지막으로 안정화된 날짜(주입 이력)
   - 지층 두께, h ft

16. 주입 유체 양

   - 완결구간에 대한 누적 주입량
   - 주입 유체 전방까지 계산된 거리(반경), $r_{waste} ft$
   - 분석에 사용될 경우, 과거 주입 유체의 평균 점도, $_{waste} cp$

17. 주입 기간

   - 주입 기간
   - 주입시험 유체의 유형
   - 주입시험에 사용되는 펌프 유형(예: 펌핑 설비 또는 펌프 트럭)
   - 사용된 주입량 측정장치 종류
   - 최종 주입 압력 및 온도

18. 주입 압력 안정 시험 기간

   - 실시간으로 기록되는 총 유정폐쇄 시간 및 경과 시간
   - 최종 유정폐쇄 압력 및 온도
   - 진공상태 시간, 해당하는 경우

19. 압력구배

   • 압력구배 자료 - 심도 보정용

20. 시험 자료 분석 결과 : 사용된 모든 방정식과 각 변수에 할당된 매개변수 값을 보고서에 포함해야 한다.

   • 영향반경, r_d ft

   • 유사로그 그래프의 기울기

   • 전달률(transmissibility), kh/μ md-ft/cp

   • 투과도

   • 유정손상지수 계산, s

   • 유정손상지수에 의한 추가압력강하(유정손상지수로 강하 계산), P_{skin}

   • 주입시험을 시뮬레이션하는 데 사용되는 지층 모델과 외부 경계 조건에 대한 설명 및 정당성

   • 압력 또는 온도 이상이 관찰된 경우 설명

21. 그래프

   • 직교 좌표 그래프 : 압력과 온도 vs. 시간

   • 로그-로그 진단 그래프 : 압력과 유사로그-미분 곡선. 방사형 유량 영역은 그림에서 식별되어야 함

   • 유사로그 그래프 : 방사형 유량이 표시되고 유사로그 직선이 그려짐

   • 주입량 vs. 시간 : 시험 대상 유정과 오프셋 유정들

22. 사용된 모든 입력 자료에 대해서 참고문헌이 제시되어야 한다.

5.4.2 계획

주입시험의 방사형 유동 부분은 모든 압력 천이 분석을 위한 기초가 된다. 따라서 주입시험의 주입성과 주입 압력 안정 시험 부분은 방사형 유동에 도달할 뿐만 아니라 방사형 유동 주기를 분석하기에 충분한 시간을 유지하도록 설계되어야 한다.

일반적인 운영 고려사항

성공적인 유정시험에는 많은 요소들을 고려해야 하며, 대부분 운영자가 제어할 수 있다. 주입

시험 계획 시 고려해야 할 사항은 다음과 같다.

1. 시험 기간 동안 주입되는 유체를 충분히 저장할 수 있어야 한다.
2. 시험 대상 유정과 동일한 형태로 완결된 오프셋 유정은 폐쇄되거나, 최소한 시험 전과 시험 중에 일정한 주입량을 유지하도록 준비되어야 한다.
3. 시험을 시작하기 전에 유정에 크라운 밸브를 설치하여 압력계를 설치할 때 유정이 닫히지 않도록 한다.
4. 유정에 있는 차단 밸브의 위치는 유정저장효과 발생 기간을 최소화하기 위해 유정 또는 유정 근처에 있어야 한다.
5. 유정의 상태, 공내 불순물, 유정저장계수 또는 유정손상지수는 유효한 주입 압력 안정 시험을 위해 유정을 폐쇄하는 시간에 영향을 미칠 수 있다. 이는 비교적 유동성이 낮은 지층 또는 유정손상지수가 큰 유정에서 특히 중요하다.
6. 유정을 클리닝하고 산 처리하는 것은 유정저장효과 기간을 낮춰 유정폐쇄 기간을 단축시킬 수 있다.
7. 주입량과 압력 자료에 대해 기록된 시간을 동기화하는 메커니즘을 포함하여 주입량의 정확한 기록 유지가 중요하다. 일반적으로 압력 자료에 대해 기록된 경과 시간 형식은 실시간 유량 자료와 쉽게 동기화할 수 없다. 자료의 시간 동기화는 둘 이상의 유정에서 주입을 고려하는 경우 특히 중요하다.
8. 어떤 상황에서는 다른 압력 천이 시험 결과를 결합하거나 주입 압력 안정 시험 대신 사용할 수 있다. 예를 들어 부식성 폐수 유동으로 인해 지표 압력 측정을 해야 하고 유정이 폐쇄된 후 진공상태가 되는 경우, 지상 압력이 양수로 유지되도록 다중 유량 시험(multi-rate test)을 사용할 수 있다.
9. 하나 이상의 유정이 동일한 지층으로 완결된 경우, 작업자는 주입 압력 안정 시험 후 오프셋 유정의 유량 변경을 통해 시험 대상 유정에 최소 2개의 파동(pulse)을 시험 대상 유정으로 보내도록 권장된다. 이러한 파동은 유정 간 간섭 효과를 일으키고, 충분한 기간 동안 유지되는 경우, 유정 간(interwell) 지층 매개변수를 얻기 위한 간섭시험으로 분석될 수 있다.

현장별 사전시험 계획

1. 시험 중 주입성과 주입 압력 안정 시험 동안 방사형 유동에 도달하는 데 필요한 시간을 결정한다.
   - 가능한 경우 이전 유정시험 결과를 검토한다.
   - 측정 또는 추정된 지층 및 유정완결 변수를 사용하여 유정시험 시뮬레이션을 수행한다.
   - 각종 경험식을 사용하여 방사형 유동 시작까지의 시간을 계산한다. 유정시험의 주입성 및 주입 압력 안정 시험 부분에 대해 방정식이 다르고, 유정손상지수가 주입성 시험보다 주입 압력 안정 시험 부분에 더 많은 영향을 미친다.
   - 유사로그 직선이 명확하게 도시될 수 있도록 방사형 유동의 시작 이후에 적절한 시간을 두고 방사형 흐름을 관찰한다. 여기서 적절한 시간은 방사형 유동에 도달할 것으로 예상되는 시간의 3~5배이다.

2. 시험 대상 유정으로의 주입량을 떨어트리기 전에 일정하게 유지할 수 있도록 적절하고 일관된 주입 유체를 사용한다. 이 주입량은 선택한 압력 게이지의 해상도를 고려할 때 시험 대상 유정에서 측정 가능한 압력 강하를 발생시킬 수 있을 만큼 충분히 높아야 한다. 유체의 점도는 일정해야 하고, 유동도(k/μ)는 필요한 경우 분석에서 활용되어야 한다.

3. 공저에서 측정된 압력이 노이즈가 적은 경향이 있기 때문에 공저압력 측정은 보통 정두압력 측정보다 분석 시 우수하다. 정두압력 측정은 유정시험의 주입 압력 안정 시험 부분 전체에 걸쳐 정두에서 압력이 양수로 유지되는 경우에 사용할 수 있다. 정두 게이지는 정두에 위치해야 한다. 또한 정두 게이지는 공저 게이지의 백업 역할을 할 수 있으며, 유정시험 진행 상황을 추적하기 위한 모니터링 도구를 제공할 수 있다.

   ※ 참고: 시험 중 유정이 진공상태가 되면 정두압력 측정은 적절하지 않음.

4. 1개의 게이지가 백업 역할을 하거나 자료 품질이 의심스러운 경우 시험 중 게이지 2개를 사용한다. 2개의 게이지가 동일한 유형일 필요는 없다.

5.4.3 주입 압력 안정 시험 실시

1) 대상 시험 유정에 있는 모든 장치에 tag를 부착하고 심도를 기록한다.
2) 지층 압력 천이 현상을 단순화
   - 유정폐쇄 전 대상 유정에서 일정한 주입량을 유지. 이때 주입량은 충분히 높아야 하며 주

입 압력 안정 시험 자료 해석을 위해 충분한 압력자료를 취득할 수 있는 기간 동안 유지되어야 한다.

- 오프셋 유정은 시험 전이나 시험 기간 동안 폐쇄해야 한다. 만약 폐쇄가 불가능한 경우 시험 중 일정한 주입량을 기록하고 유지한 후 분석에 반영해야 한다.
- 시험 기간 동안 두 개의 유정을 동시에 닫거나 오프셋 유정의 유량을 변경하지 않는다.

3) 시험 대상 유정은 유정저장효과를 최소화하기 위해 정두에서 폐쇄되어야 한다.

4) 시험 대상 유정과 동일한 구간에 완결된 오프셋 유정에 대해 정확한 유량을 기록해야 한다.

5) 시험 유체의 일관성을 확인하기 위해 주입시험 기간 동안 주기적으로 주입 유체의 점성도를 측정하고 기록한다.

5.5.4 주입 압력 안정 시험 평가

1) 압력 및 온도와 실시간 또는 경과시간의 그래프(cartesian plot)를 준비한다.
- 시험 유정을 폐쇄하기 전 압력 안정화 여부를 확인
- 비정상적인 자료, 시험 종료 시 압력 강하, 압력 강하가 게이지 해상도 내에 있는지 확인

2) 압력 및 압력 미분의 로그-로그 진단 그래프를 준비한다. 주입시험 기간 동안 발생하는 유동 형태를 식별한다.
- 주입 기간과 압력 안정 경향에 따라 적절한 시간함수를 사용
- 다양한 유동 영역, 특히 방사형 유동 기간을 표시
- 다른 형태 그래프의 파생(예: 선형 유동에 대한 시간 제곱근)형을 포함
- 방사형 유동 기간이 없는 경우 표준곡선중첩법(type curve matching)을 활용

3) 유사로그 그래프를 준비
- 주입 기간의 길이와 주입 압력 안정 시험 이전 주입속도에 따라 적절한 시간함수를 사용
- 그래프의 방사형 유동 부분을 통해 유사로그 직선을 그리고 기울기를 구함
- 전달률을 계산, kh/μ
- 유정손상지수 s, 유정손상압력강하 $\triangle P_{skin}$ 계산
- 영향반경 계산, r_d

4) 비정상적인 결과에 대한 설명이 필요하다.

| 참고문헌 |

- Ahmed, T. and McKinney, P.D., 2012, Advanced Reservoir Enghineering, ELSEVIER, Gulf Publishing Company, Houston, TX, USA.

- Earlougher, R. C. JR., 1977, Advances in Well Test Analysis, Society of Petroleum Engineers of AIME, 5, pp. 1−264.

- EPA Region 6, 2002, UIC Pressure Falloff Testing Guideline.

- Hawkins, M., 1956, A note on the skin factor, Transactions of the AIME, 207, pp. 65−66.

- Horner, D.R., 1951, Pressure build−up in wells. Proceedings of the Third World Petroleum Congress, The Hague, 2, pp. 503−521.

- Kelley, M., Abbaszadeh, M., Mishra, S., Mawalkar, S., Place, M., Gupta, N., and Pardini, R., 2014, Reservoir Characterization from Pressure Monitoring during CO_2 Injection into a Depleted Pinnacle Reef − MRCSP Commercial−scale CCS Demonstration Project. Energy Procedia, 63, pp. 4937−4964.

- Merrill, L.S., Kazemi, H., and Cogarty, W.B., 1974, Pressure Falloff Analysis in Reservoirs with Fluid Banks, J. Petroleum Technology, July, pp. 809−818.

- Sabet, M., 1991, Well test Analysis, Gulf Publishing, Dallas, TX, USA.

CHAPTER
06

CO₂ 주입 시스템의 노달분석

06 CO$_2$ 주입 시스템의 노달분석

6.1 CO$_2$ 수송 시스템

6.1.1 CO$_2$ 순도와 상거동의 관계

CCS 프로젝트의 포집, 압축, 수송, 주입 및 저장 과정에서 CO$_2$의 온도와 압력은 공정의 단계별로 변화한다. 이때의 각 단계별 일반적인 온도, 압력의 범위는 표 6.1.1과 같다. 이러한 온도, 압력 조건 하에서 CO$_2$의 부피, 밀도 및 점도와 같은 열역학적 특성이 변화하기 때문에 이러한 특성을 이해하여 CCS 프로젝트는 설계하여야 한다. 이 절에서는 앞서 2.1.3에서 제시된 내용을 토대로 포집 공정에서 발생하는 불순물(CO, CO$_2$, N$_2$, CH$_4$, H$_2$S 등)을 포함한 CO$_2$의 열역학적 특성의 차이와 CO$_2$ 수송 시스템을 설명하고자 한다.

표 6.1.1 CCS 단계별 일반적인 온도, 압력의 범위(Li, 2008)

CCS 공정 단계	범위	
	압력, MPa	온도, ℃
CO_2 압축 및 정화 공정	0~11	-54~150
1차 압축 공정	0~3	20~150
수분 제거 공정	2~3	16~30
정화 공정	2~5	-54~-25
추가 압축 및 펌핑 공정	5~11	10~30
CO_2 수송	0.5~20	-55~30
파이프라인 수송	7.5~20	0~30
소규모 탱크 트레일러 수송	1.5~2.5	-35~-25
대규모 탱크 트레일러 수송	0.5~0.9	-55~-45
CO_2 저장 공정	0.1~50	4~150

※ 인위적으로 제어가 가능한 요소로는 포집, 운송, 주입과정에서의 CO_2의 압력과 온도가 있으며, 제어가 불가능한 자연적 요소는 주입/저장을 위한 심도, 지열구배 등이 있다.

1) 순수 CO_2의 상거동

불순물을 함유하지 않은 순수 CO_2는 온도, 압력조건에 따라 고체, 액체, 기체, 초임계와 같이 그 상태가 변화한다. 그림 6.1.1은 상거동 곡선에서 삼중점(triple point)과 임계점(critical point)의 두 지점을 기준으로 고체, 액체, 기체 및 초임계의 뚜렷한 상변화가 나타남을 보여준다. 삼중점(약 -56.4℃, 0.52MPa)은 고체, 액체 및 기체상이 평형에서 공존할 수 있는 온도와 압력으로 정의된다.

삼중점에서 융해선(melting line)은 고액상과 액체상을, 포화선(saturation line)은 액체상과 기체상을 각각 분리한다. 따라서 포화선은 삼중점과 임계점을 연결하는 선을 의미한다. 임계온도(31.1℃)와 압력(7.38MPa) 이상에서 순수 CO_2는 초임계 유체의 특성을 나타낸다. 초임계 상태의 CO_2는 점성과 확산성은 기체에 유사한 특성을 나타내며, 밀도는 액체와 유사한 밀도를 나타낸다. CCS 프로젝트는 CO_2 주입단계에 따라 가스, 액체 및 초임계 상태로 변화할 수 있다. CO_2 지중 저장에서 CO_2 유동은 되도록 밀도는 크고 점성은 낮은 상태로 하는 것이 좋다. 밀도가 클수록 동일한 공극 내에 주입되는 질량이 증가하고, 점성이 낮아 압력손실이 작아야 마찰손실이 감소하기 때문이다. 따라서 점성, 확산성, 밀도 등을 고려할 때 CO_2의 지중 저장 측면에서 지층의 공극 내 저장효율을 극대화하기 위해서는 초임계 상태가 가장 적합할 가능성이 높다.

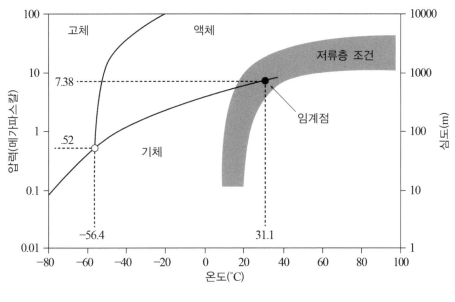

그림 6.1.1 순수 CO_2 상거동

2) 불순물이 섞인 CO_2 혼합물

CO_2는 포집과정에서 화학적 조성이 변화됨에 따라 임계점과 상거동 곡선이 변화될 수 있다. CCS 프로젝트의 포집과정에서 CO_2 외에도 일부 불순물은 항상 존재한다. 예를 들어, 연료 연소 및 CO_2 포획 공정은 불순물의 혼합물을 생성한다. 불순물이 함유된 배기가스는 배기가스처리 (flue gas cleaning) 및 고순도 CO_2 정화 공정(CO_2 purification unit)을 통해 CO_2에서 불술문을 제거하는 과정을 거친다. 이러한 과정에서 CO_2의 순도는 증가하지만 순도 100% CO_2만을 추출할 수는 없다. 다양한 불순물인 N_2, Ar 및 O_2 등 가스의 농도는 CO_2 처리공정에서 변화한다. 표 6.1.2 는 CO_2 포집시설에서의 불순물이 함유된 배기가스 조성을 보여준다. 따라서 이러한 불순물을 함유함에 따라 CO_2 상거동이 변화할 수 있다.

표 6.1.2 CO_2 포집시설에서의 배기가스 공정 전 단계에서 불순물이 함유된 가스 조성의 예
(스페인 Ciuden 발전소의 예; Global Carbon Capture and Storage Institute, 2015)

구분	N_2	CO_2	H_2O	O_2	기타(소량)
조성(부피 %)	6	83.5	7	3.5	SOx NOx 입자 등

3) CO₂ 상변화에 따른 영향

단상유동의 경우 주입정 내에서 순수 CO_2의 임계점은 31.1°C의 온도와 7.38MPa의 압력이다. 순수 CO_2 이외에 불순물이 포함될 수도 있다. 이러한 불순물은 주로 H_2O, N_2, H_2, Ar, O_2, CH_4, CO, H_2S, C_2H_6, SO_2, NO_x 등이 있으며, 불순물의 임계 조건은 표 6.1.3과 그림 6.1.2와 같이 나타난다. 그림 6.1.2에서 볼 수 있듯이 5% 불순물을 함유한 CO_2의 경우 순수한 CO_2의 임계조건과 비교했을 때, 2상 영역이 증가되는 것을 확인할 수 있다. 예를 들어 25°C, 1015psi(7MPa) 조건에서 순수 CO_2는 하나의 기체상으로 존재하지만 불순물 5%를 함유한 CO_2의 경우에는 2개의 상으로 분리되어 액체상과 기체상이 공존하게 된다.

표 6.1.3 순수 CO₂와 불순물을 함유한 CO₂ 임계점의 예

구분	임계 온도, ℃	임계 압력, MPa
순수 CO_2	31.1	7.38
5% 불순물을 함유한 CO_2	30.0	7.77

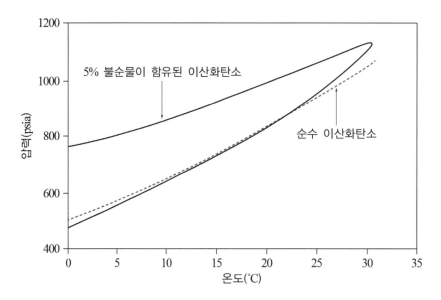

그림 6.1.2 순수 CO₂와 불순물을 함유한 CO₂의 상거동 다이어그램

6.1.2 CO_2 수송 시스템

CO_2는 해상 플랫폼 하부의 저장 지층(대염수층이나 고갈된 가스층)에 저장되는 경우가 많다. 이 책에서는 CO_2 해상 지중 저장을 중심으로 CO_2 수송과정을 설명하고자 한다. CO_2 해상 지중 저장을 위한 수송 시스템은 크게 육상에 있는 수송기지에서 해상주입 플랫폼까지 수송하는 수송 시스템과 해상 플랫폼에서 CO_2 저장층까지의 주입 시스템으로 구분할 수 있다. 파이프를 통해서 효과적으로 CO_2를 해상 플랫폼까지 수송하기 위해서는 파이프 내에의 CO_2 거동을 파악하는 것이 중요하다. 순수 CO_2의 경우 400℃ 이하의 온도조건에서 비부식성을 나타낸다. 그러나 수분(H_2O)이 함유된 CO_2는 탄산(H_2CO_3)의 생성으로 인해 수송 시 파이프 내부가 부식되어 스케일(scale)을 생성시킬 수 있다(그림 6.1.3). 또한 CO_2 해상 지중 저장을 위한 수송과정에서 해저파이프는 고압·저온의 조건으로 수분이 함유되어 있을 경우에는 하이드레이트가 생성되어 파이프 내 유동을 저해할 수 있다. 이러한 하이드레이트의 생성을 방지하지 위해서 수송기지에서 CO_2를 파이프로 수송하기 전에 트리에틸렌글리콜(Triethylene Glycol; TEG) 시스템과 같은 탈수장치를 설치하여 수송되는 CO_2 내 수분을 제거하는 공정은 필수적이다(그림 6.1.3). TEG은 효과적인 액체 건조제로서 탈수능력이 뛰어나다. 그림 6.1.3과 같이 플래시 탱크와 축열기에 연결된 실린더 내부에 에틸렌글리콜을 주입하면 수분을 흡수할 수 있다. 수분이 제거된 CO_2는 해저면의 파이프를 통해서 해상 플랫폼까지 도달하게 된다.

해상 플랫폼으로부터 CO_2 저장층으로의 주입 시스템은 크게 해상 플랫폼에서 주입정을 연결하는 라이저, 주입정에서 저장 지층까지 연결하는 튜빙, 그리고 저장 지층으로 구분된다. 플랫폼에서는 효율적으로 CO_2를 저장 지층에 주입하기 위한 운영압력·온도를 결정하는 것이 중요하며, 이를 위해 가스를 압축하여 필요한 주입압력을 산출하는 가스압축장치와 이 장치의 가압작용에 의한 내부에너지의 증가로 인해서 상승된 CO_2 온도를 낮추는 기능을 하는 냉각기를 플랫폼 내 설치하여 적정한 주입압력 및 CO_2 배출온도를 설정해야 한다.

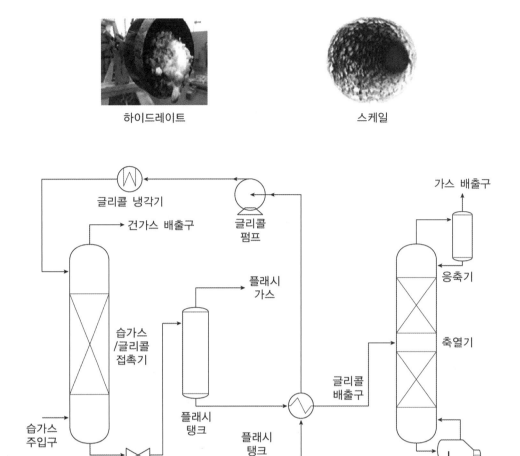

하이드레이트

스케일

그림 6.1.3 트리에틸렌글리콜 시스템을 이용한 탈수장치

이러한 가스압축장치와 냉각기 시스템은 수송 시에도 필요하므로 육상 수송기지 내에 설치하는 시스템을 고려하여야 한다. 또한 육상 수송기지의 가스압축장치에서 배출되는 CO_2를 해저 저장 지층에 주입할 경우 플랫폼 내 가스압축장치의 유입압력과 해상수평 파이프 관내에서 발생되는 압력저하를 고려하여 주입압력을 설계해야 한다. 그림 6.1.4는 발전소에서 발생된 CO_2를 포집하고, 육상에 있는 수송기지에서 해상주입 플랫폼까지 수송하는 수송 시스템과 해상 플랫폼에서 CO_2 저장층(고갈가스전)까지의 주입 시스템의 전체적인 모식도이다.

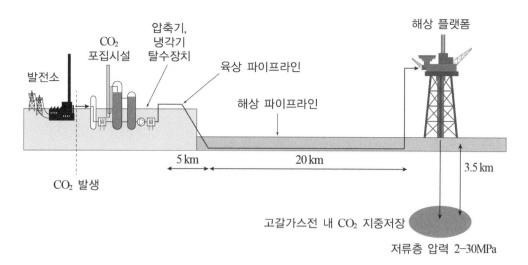

그림 6.1.4 CO_2 해상 지중 저장(고갈가스전)의 모식도(TNO report, 2019)

6.2 CO_2 주입 시스템

앞의 6.1절은 CO_2 포집 후 수분제거, 가스압축장치, 냉각기, 수송 등 CO_2 수송 시스템에 대해 설명하였고, 6.2절에서는 정두(wellhead) 장비와 주입정(injection well)에서의 CO_2 유동에 대해서 설명하고자 한다.

각 주입정별 적정 공저압력(bottomhole pressure)을 충족하는 주입 시스템을 설계하기 위해서는 생산·주입설비 유동해석을 통해 튜빙 내경에 따른 주입정 상부압력을 산출하여야 한다. 주입되는 과정에서 압력, 온도에 영향을 미치는 요인은 여러 가지가 있을 수 있다. 예를 들어 주입온도가 낮을수록 CO_2 밀도가 높아지므로 더 낮은 정두압력으로도 동일한 공저압력의 산출이 가능하다. 또한 동일한 유량으로 CO_2를 주입할 때, 튜빙 내경이 클수록 튜빙 내 유속이 감소하며, 그에 따라서 파이프 외부에서 지열이 미치는 영향이 증가하여 CO_2 유체온도가 상승한다. 또한 튜빙의 고도차가 작음에 따라 미미한 중력효과로 인해서 주로 마찰에 의한 손실이 주요한 압력손실의 원인이 되며, 이에 영향을 미치는 인자로는 튜빙 내 마찰계수, 내경의 크기, 유체의 유속 그리고 유체의 밀도이다. 튜빙 내 CO_2 밀도는 압력과 온도에 의해서 결정되는 종속변수이므로 배출되는 CO_2의 온도를 파악하면 해상 플랫폼으로 수송 가능한 육상 수송기지 내 가스압축장치의 배출압력을 산출할 수 있다. 그림 6.2.1은 주입정을 통해 CO_2가 2,740m 심도의 고갈가스전 및 대염수층로 주입되는 과정을 보여주는 모식도이다. 그림 6.2.1과 같이 CO_2가 주입되는 튜빙의 끝지점은 저장층으로 유입이 시작되는 지점과 만나게 된다. 여기서 튜빙 내에서의 CO_2의 유체유동을 나타내는 TPR(Tubing Performance Relationship)과 주입정 내에서 저장층으로의 유동을 나타내는 IPR(Inflow Performance Relationship)의 관계를 통해 우리는 주입 시스템에서 최적의 주입유량과 압력을 산출할 수 있다. 다음의 6.3절에서는 저장 지층의 IPR에 대해서 살펴볼 것이며, 6.4절에서는 주입정에서의 TPR에 대해 살펴보고자 한다.

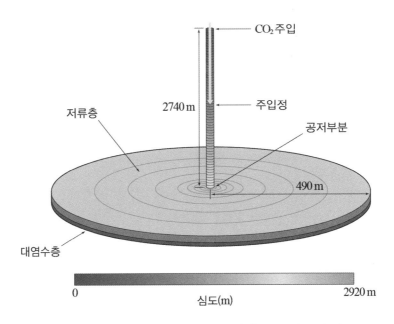

그림 6.2.1 주입정을 통해 고갈가스전 및 대수층으로 주입되는 CO_2의 모식도(TNO report, 2019)

6.3 CO_2 저장 지층에서의 유입거동관계(Inflow Performance Relationship; IPR)

6.3.1 주입성 지수(Well Injectivity Index)

저장 지층의 유입거동관계(IPR)를 나타내기 위해서는 먼저 CO_2가 주입정의 외곽반경(wellbore radius, r_w)에서부터 CO_2 저장 지층의 유효 반경(effective radius, r_e)까지의 유입거동에 대해서 이해해야 한다(그림 6.3.1). 이러한 과정에서의 유동식은 Darcy식을 기본으로 한다. 2.2절에서 Darcy식을 이미 설명했으므로 이 절에서는 추가적인 설명은 생략한다. 주입정에서의 공저압력

(wellbore flowing pressure, p_{wf} 또는 bottomhole pressure, BHP)이 저장 지층 유효 반경의 압력(effective radius pressure, p_e)보다 더 높기 때문에 압력 차이에 의해서 저장 지층으로의 CO_2 유입이 발생한다(그림 6.3.1).

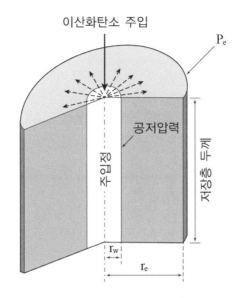

그림 6.3.1 CO_2에 주입에 의한 저장층의 유입거동

CO_2 주입과정에서의 주입 효율은 주입성 지수(injectivity index, II)로서 나타낼 수 있다. 이 지수는 CO_2 주입유량을 주입 시 필요한 압력, 즉 공저압력(p_{wf})과 초기 저장 지층의 평균압력(P_r)의 차이로 나눈 것으로서 식(6.3.1)과 같이 수학적으로 정량화된다(Dake, 1983). 이는 주입정을 통해서 CO_2가 얼마나 유입이 될 수 있는지를 수치적으로 나타낸 것이다.

$$II = Q/(P_{wf} - P_r)$$
식(6.3.1)

식(6.3.1)을 통해 저장 지층이 파쇄되지 않는 허용 압력조건에서 CO_2의 최적 주입유량을 추정할 수 있다. 예를 들어, 주입성 지수와 저장 지층의 평균압력, CO_2 주입이 허용되는 최대 공저압력을 미리 알고 있다면 최대 주입유량을 산출할 수 있다. 이러한 주입성 지수는 식(6.3.1)과 같이 최적 유량, 주입 시 압력 증가, 주입 시간은 서로 밀접한 관계가 있다(그림 6.3.2).

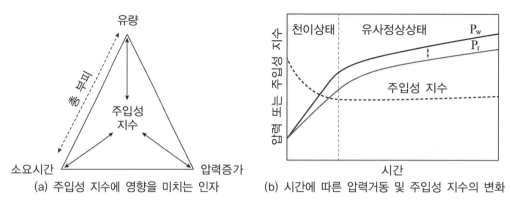

| (a) 주입성 지수에 영향을 미치는 인자 | (b) 시간에 따른 압력거동 및 주입성 지수의 변화 |

그림 6.3.2 주입성 지수의 시간의존성(FME Success report, 2015)

즉, 주입성 지수는 시간 의존성 함수이며, 주어진 시간동안 저장할 수 있는 CO_2의 총량은 압력에 의해 제한된다. 따라서 주입성 지수는 정해진 기간 동안에 계획된 저장 용량을 달성하기 위한 중요한 인자이며, 주입성 시험을 통해 측정된다(그림 6.3.2(a)). 이 시험에서 일정한 유량으로 CO_2를 주입했을 때의 안정화된 주입정 공저압력(p_{wf})을 측정한다. CO_2 주입 초기에는 천이유동이 발생하며, 용량이 증가함에 따라 저장층으로 CO_2를 주입하는 데 필요한 압력이 가파르게 증가하여 주입성 지수가 급속도로 감소한다(그림 6.3.2(b)). 그러나 CO_2 주입 후 시간 경과하면 일정한 유량으로 주입되면 압력반응이 유효반경에 도달하여 유사정상상태의 압력거동이 된다. 이러한 유사정상상태 조건에서는 일정한 유량으로 CO_2가 주입되면서 압력이 선형적으로 증가하여 일정한 주입성 지수 역시 선형적으로 감소한다. 대부분은 주입과정의 거동은 유사정상상태 유동(pseudo steady-state flow)을 나타내며, 이 상태에서는 일정하게 주입성 지수가 감소한다.

6.3.2 CO_2 유동 방정식(유사정상상태 유동)

CO_2가 유사정상상태 유동으로 주입될 때 저장층에서의 유동방정식은 다음과 같다.

$$II = \frac{Q}{(P_w - P_r)} = \frac{\rho_r}{\rho_s} \frac{162.6}{\rho_s\left(\ln\dfrac{r_e}{r_w} + s\right)\mu_{co_2}} \qquad \text{식(6.3.2)}$$

여기서,

ρ_r = CO_2 저장층 조건에서의 CO_2 농도, lb/ft^3

ρ_s = 지상조건에서의 CO_2 농도, lb/ft^3

s = 주입정 손상지수

식(6.3.2)를 고려할 때, 지층의 주입성 지수는 주입정의 완결상태, 지화학 및 CO_2의 물리화학적 특성을 포함한 여러 요인에 의해 결정된다(Cinar 등, 2007; Sundal 등, 2013). 대규모 CO_2 주입 기간은 보통 20-30년 이상이다. 이러한 긴 주입과정에서 압력과 온도, 지화학적 반응을 통한 조성의 변화 등 주입정의 환경을 변화시켜 식(6.3.2)에서 주입성 지수가 변화될 수 있다. 따라서 식(6.3.2)의 각각의 변수의 정확한 값을 결정하는 것이 CO_2 주입 모델링을 위해 매우 중요하다. 지금부터는 식(6.3.2)의 각 변수가 변할 수 있는 요인에 대해서 살펴보고자 한다. 주입성 지수는 석유개발과정에서 저류층 평가에 사용되는 생산성 지수(productivity index)와 다르게 고려해야 할 점은 다음과 같다(Bachu, 2015; Wang 등, 2013).

1. 염수/공극수 중의 CO_2 용해

앞에서 2.1.2장에서 설명했듯이, 저장층에 주입된 CO_2는 공극수에 용해된다(식 2.1.2-2.1.4 참조). 이 과정은 CO_2가 물에 용해되거나 물이 CO_2로 포화될 때까지 계속되는 과정이다. 용해될 수 있는 CO_2의 양, 즉 포화 한계는 압력, 온도 및 염도에 의해 결정된다. 낮은 온도와 더 높은 압력에서 용해도가 증가하므로 더 많은 CO_2가 용해될 수 있다(그림 6.3.3(a)). 또한 염분 함량이 높으면 CO_2 용해도는 낮아진다(그림 6.3.3(b)). 일반적으로 저장층은 공극수로 포획되어 있는 대염수층이므로 CO_2를 용해할 수 있는 충분한 물이 존재하지만 완전한 용해가 발생되는 시간을 수천 년 이상 소요된다(Sundal 등, 2013). 이러한 용해가 진행되는 속도는 확산속도에 의해 결정되며, 확산속도는 물에 존재하는 CO_2의 농도 차이에 의해 결정된다. 저장 지층으로 CO_2가 주입되는 과정에서 공극수와 CO_2가 직접적으로 접촉하게 되는 계면에서는 포화되는 농도가 높으며, 계면에서 멀어질수록 공극수에 포화되는 CO_2 농도는 낮다. 이러한 농도구배는 CO_2가 물로 확산되는 추진력이 된다. 전체 용해 속도는 CO_2와 지층수 사이의 계면의 면적에 의존하며, 이러한 계면을 통해 충분한 농도의 확산이 이루어지기까지는 충분한 시간이 필요하다. 예를 들어, 노르웨이 스노흐비트(Snohvit) 유전의 Tubåen층으로 CO_2 주입 시뮬레이션 결과 지층으로의 완전한 확산이 이루어지는 데 약 5,000년 이상의 시간이 소요될 것으로 예상된다(Pham 등, 2011). 이러한 농도에 의한 확산과 별도로 밀도차에 의해서 CO_2의 유동 방향이 결정된다. 수직투과도가 높고

지층수의 염분 농도가 높지 않을 경우에는 대류(convection)에 의해 영향을 받을 수 있다 (Elenius and Gasda, 2013). CO_2는 물보다 밀도가 낮기 때문에 투과도가 낮은 덮개층에 도달 전까지 저장층에서 상부 방향으로 퍼지면서 이동한다. 치밀 탄산염이나 셰일층과 같이 투과도가 낮은 지층과 수평투과도가 좋은 암층이 교호되어 있을 경우, 수평투과도가 좋은 지층을 따라서 수평 방향으로 먼저 확산이 된다. 이러한 과정은 저장층의 지질학적 특징에 상이하게 발생한다.

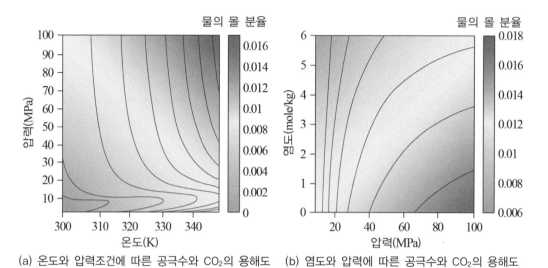

(a) 온도와 압력조건에 따른 공극수와 CO_2의 용해도   (b) 염도와 압력에 따른 공극수와 CO_2의 용해도

그림 6.3.3 공극수와 CO_2 간의 용해도(FME Success report, 2015)

2. 공극수 증발에 의한 NaCl의 침전

CO_2와 염수의 화학작용은 주입성에 영향을 줄 수 있다. 초임계 CO_2를 대염수층으로 주입하면 공극수는 증발하면서 기화가 되고 염수에 용해된 염분의 농도가 높아질 수 있다. 염분의 농도가 용해도 한계를 초과하면 염분은 수상에서 공극 내에서 침전하여 투과도를 감소시킬 수 있다(Miri and Hellevan, 2016; Miri 등, 2015)(그림 6.3.4). 예를 들어, 스노흐비트 유전 Tubåen층의 경우, 14wt% NaCl을 함유한 고염도 대염수층으로 CO_2 주입 초기단계에 염분의 침전으로 인한 투과도 감소효과가 발생하였다. 그 후에 에틸렌글리콜(ethylene glycol) 주입하여 염분을 용해시켜 지속적인 CO_2 주입이 가능했다. 대염수층 내 CO_2 주입과정에서 발생되는 염분 침전현상의 메커니즘은 암석공극을 둘러싼 수분(water film)을 따라서 염분이 유동하다가 농축되면서 침전이 주입정 근처에서 발생한 것이다(Miri and Hellevang, 2016). 주입정 주변에서 염분침전이 발생되는데 시간은 몇 개월 정도였다(Miri 등, 2015).

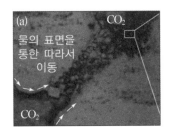  

그림 6.3.4 (a) CO_2 주입과정 중 임계 용해도 이상에서의 염분 침전현상(Miri and Hellevang, 2016), (b) 공극 내에서 침전된 염분입자끼리의 응집 현상

3. 산 주입에 의한 웜홀의 형성

CO_2 주입정으로의 산 주입은 주입성 지수를 향상시키기 위해 사용된다. 특히, 탄산염암층에 염산(HCl)을 주입했을 때 $CaCO_3$와의 용해작용으로 인해 암체 내에서 넓은 공극인 이어진 채널(웜홀)이 생성되어 투과도가 급격히 증가한다. 따라서 염분침전으로 저감된 주입정내에서 산 처리는 주입성 지수를 증가시키기 위한 효과적인 방법이며, 주입 전 웜홀의 개시와 전파를 예측하는 것이 필요하다.

6.3.3 유입거동관계 예측

앞에서 설명했듯이 CO_2 저장 지층에서의 유입거동관계(IPR)는 그림 6.3.1과 같이 주입정에서부터 CO_2 저장층으로의 CO_2가 유동하는 동안의 압력 변화와 유량 간의 관계를 나타낸 것이다. CO_2 저장 지층의 최대 압력 내에서 최적의 주입유량을 산출하기 위해 필요하다. 이러한 유입거동을 나타내기 위한 방법에는 Forchheimer 방정식, Vogel 방정식, Fetkovich 방정식, 백압력(Backpressure) 방정식 등이 있다. 이에 대한 내용은 석유생산공학(권순일 외, 2014)에서 참조할 수 있다. 특히, CO_2 주입을 위한 IPR 분석은 높은 주입유량에서 non-Darcy flow 및 난류유동을 나타낼 수 있는 Forchheimer 방정식을 많이 사용하고 있기에 이 책에서는 IPR 거동을 나타내기 위해 Forchheimer 방정식을 소개하려 한다. 이러한 식은 수직정이나 경사정에 상관없이 사용될 수 있다. Forchheimer 방정식은 다음과 같다.

$$(P_r^2 - P_{wf}^2) = aQ^2 + bQ \qquad\qquad 식(6.3.3)$$

여기서

a = Darcy 유동에서의 압력손실계수, b = non-Darcy 유동에서의 압력손실 계수

그림 6.3.5는 경사정과 수평정에 대한 IPR 곡선의 예시를 보여준다. 현장에서 주입유량(Q)과 주입정 하부의 압력(p_{wf})을 측정하여 그래프에 점으로 나타내고, Forchheimer 식을 그래프에 일치시켜 a와 b계수와 IPR 곡선을 구할 수 있다. 이러한 Forchheimer IPR 곡선을 통해 우리는 각각의 주입유량이 변할 때의 주입정 하부의 압력(p_{wf})을 예측할 수 있다. 그림 6.3.5에서 볼 수 있듯이, CO_2 주입 IPR의 경우에는 수직정, 경사정 상관없이 주입량이 증가할수록 공저압력은 증가하는 경향을 나타낸다.

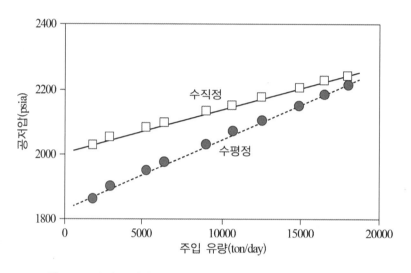

그림 6.3.5 수직 주입정과 경사 주입정(ERD)에서의 IPR 곡선의 예시

6.4 CO_2 주입정에서의 튜빙거동관계(Tubing Performance Relationship; TPR)

튜빙거동관계(TPR)는 주입정 내에서의 CO_2 유동을 나타낸다. 이러한 TPR은 정두에서 일정한 유량(q_{co_2})으로 CO_2를 주입할 때, 그 유량에 따른 공저압력(p_{wf})의 변화와 관련된 것이다(그림 6.4.1). TPR은 심도에 따른 주입정 튜빙 내부의 각각의 압력구배는 경사에 의한 압력구배, 마찰에 의한 압력구배, 가속도에 의한 압력구배가 있으며, 그 내용은 다음과 같다.

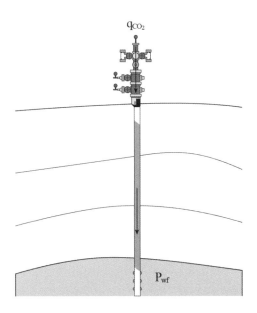

그림 6.4.1 정두에서의 CO_2 주입량(q_{CO_2})과 주입정 공저압력(p_{wf})을 나타내는 모식도

6.4.1 주입정에서 CO_2의 압력구배

주입정의 튜빙 내로 CO_2를 주입했을 때의 압력구배는 아래의 식을 따른다.

$$\frac{dp}{dL} = \left(\frac{dp}{dL}\right)_{elev.} + \left(\frac{dp}{dL}\right)_{fric.} + \left(\frac{dp}{dL}\right)_{acc.}$$ 식(6.4.1)

여기서,

$\left(\dfrac{dp}{dL}\right)_{elev.}$ = 튜빙 내 CO_2의 하중과 경사에 의해 정수압의 압력구배

$\left(\dfrac{dp}{dL}\right)_{fric.}$ = 튜빙과 CO_2 간 또는 CO_2 상간의 마찰손실에 의한 압력구배

$\left(\dfrac{dp}{dL}\right)_{acc.}$ = 튜빙 유동 시 추가적으로 가속에 의한 압력구배(정상상태(steady state)

유동에서는 가속이 없으므로 이 값은 0이다.)

식(6.4.1)의 각각 압력구배요소를 세부적으로 나타내면 다음과 같다.

경사에 의한 압력구배

여기서, 튜빙 내 유체의 하중과 경사구배에 의한 압력구배는 다음과 같다.

$$\left(\frac{dp}{dL}\right)_{elev.} = \rho g sin\theta$$

식(6.4.2)

여기서,
ρ = 튜빙에 채워진 CO_2의 밀도, lb/ft^3
L = 튜빙의 길이, ft
θ = 경사의 기울기(지표면에서 수평일 때 0°, 수직일 때 90°)

마찰에 의한 압력구배

튜빙 내에서 CO_2가 속도 v로 유동할 때 손실되는 단위길이당 압력은 다음과 같다.

$$\left(\frac{dp}{dL}\right)_{fic.} = -\frac{f\rho v^2}{2D}$$

식(6.4.3)

여기서,
f = 마찰계수
v = CO_2의 속도, ft/s
D = 튜빙의 직경, ft

마찰계수 f는 유동상태(층류유동, 난류유동, 전이유동)에 따라 서로 다른 식을 사용하며, 이 식은 Moody가 제시하였다. 먼저 유동상태를 구분하기 위한 레이놀즈 수는 다음과 같다.

$$Re = \frac{\rho v D}{\mu}$$

식(6.4.4)

Moody가 제시한 유동상태에 따른 층류유동, 난류유동, 전이유동에서의 마찰 계수 식은 다음과 같다.

(a) 층류유동 ($Re < 2000$)일 때,

$$f_{Lam} = \frac{64}{Re}$$

식(6.4.5)

(b) 난류유동 ($Re > 4000$)일 때,

$$\frac{1}{f_{Tub}^{1/2}} = a \left[\ln \left(\frac{c}{q} + \delta \right) \right]$$

식(6.4.6)

여기서,

f_{Tub} = 난류유동에서의 Moody 마찰계수

$a = 2/\ln(10)$

$\delta = [g/(g+1)]z$

$g = bc + \ln(c/q)$

$b = (\varepsilon/D)/3.7$

ε = 파이프의 거칠기 지수

D = 튜빙의 직경, ft

$c = [\ln(10)/5.02]Re$

Re = 레이놀즈 수

$s = bc + \ln(c)$

$q = s^{[s/(s+1)]}$

$z = \ln(q/g)$

(c) 전이유동 ($2000 \leq Re \leq 4000$)일 때,

$$f = \frac{(Re - Re_{min})(Re_{Turb} - f_{Lam})}{(Re_{max} - Re_{min})} + f_{Lam}$$

식(6.4.7)

가속에 의한 압력구배

또한 추가적인 가속에 의한 단위길이당 압력손실은 다음과 같이 나타낸다(CO_2가 정상상태 유동할 경우에는 모든 구간에서 속도는 일정하여 $dv/dL = 0$이므로 가속에 의한 단위길이당 압력손실은 0이다).

$$\left(\frac{dp}{dL} \right)_{acc.} = -\rho v \frac{dv}{dL}$$

식(6.4.8)

6.4.2 CO_2의 압력구배를 이용한 공저압력(p_{wf})의 산정

식(6.4.2)를 통해서 구한 주입정의 압력구배($\frac{dp}{dL}$)에 주입정의 길이(L)를 곱한 후, 여기에 정두압력(p_{wh})을 더하면 공저압력(p_{wf})을 구할 수 있다.

$$P_{wf} = P_{wh} + \frac{dp}{dL}L$$

식(6.4.9)

그림 6.4.2는 CO_2 주입했을 때, 주입정 내 심도에 따른 압력 변화를 나타낸 것이다. 이때 압력변화는 정상상태유동으로서 가속에 의한 압력 변화는 고려하지 않았다. CO_2 하중에 의한 압력구배(정수압에 의한 압력구배)와 파이프 내에서 마찰에 의한 압력구배(마찰 손실에 의한 압력구배)만을 고려하였다. 심도가 깊어질수록 CO_2 하중에 의한 압력증가하고 파이프 내의 마찰에 의한 압력손실은 증가하며, 그 압력의 합은 심도에 깊어질수록 증가(마찰 손실과 정수압에 의한 압력구배)하게 된다. 이때 주입정상부의 압력이 더 1600psia이라면 각 심도별 압력도 1600psia씩 증가(정두압력을 포함한 최종 압력구배)하게 된다.

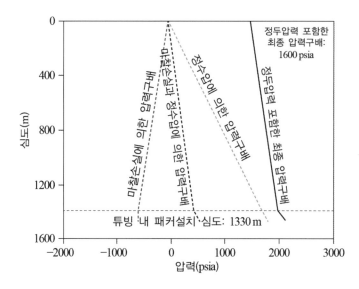

그림 6.4.2 CO_2 주입정에서의 심도에 따른 압력 변화

6.5 CO_2 주입 시 적정주입량 산출

IPR은 공저(bottomhole)에서 CO_2 저장층으로의 유동을 나타내는 곡선이며, TPR은 정두 (wellhead)에서 공저까지 주입파이프를 통해 유동을 나타내는 곡선이다(그림 6.5.1). 두 지점이 만나는 지점이 주입 파이프를 통한 CO_2 주입유량(q_{co_2})과, 주입정의 공저압력(p_{wf})이 된다. 이러한 주입유량과 공저압력은 TPR 곡선과 IPR 곡선의 변화에 의해서 변화한다. TPR 곡선에 영향을 주는 요소로는 CO_2 주입온도, 불순물 함유여부, 정두 압력 및 튜빙의 직경 등이 있으며, IPR 곡선에 영향을 주는 요소로는 저장 지층 상태의 변화(지층 손상, 산 처리 및 수압 파쇄로 인한 투과도 변화, 주입에 따른 저장 지층의 압력 변화) 등이 있다.

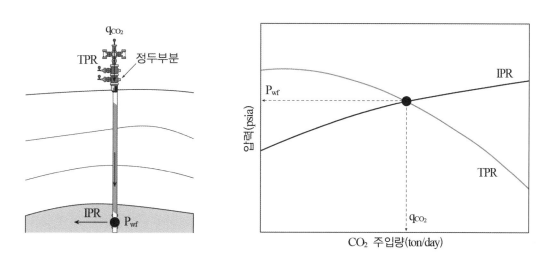

그림 6.5.1 CO_2 주입 노달분석에 따른 CO_2 주입량(q_{co_2})과 주입정 공저압력(p_{wf})

1) CO_2의 주입온도가 TPR 곡선에 미치는 영향

그림 6.5.2는 수직 주입정에서 CO_2의 주입온도(11℃, 30℃, 35℃)에 따른 TPR 곡선의 변화를 보여준다. 이때 정두압력(wellhead pressure, p_{wh})은 동일한 조건이다. 그림에서 볼 수 있듯이 주입되는 CO_2 온도가 낮을수록 그 부피가 수축하므로 밀도가 증가하게 되며, TPR 곡선의 압력이 증가하게 된다. 이로 인하여 IPR과 TPR 곡선이 만나는 지점이 변하게 되어 CO_2 온도가 낮을수록 지층 내로 더 많은 양이 주입되며, 공저압력은 증가한다는 것을 확인할 수 있다.

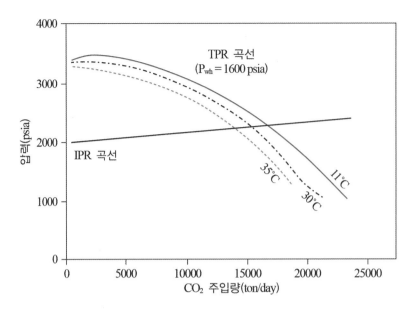

그림 6.5.2 수직 주입정에서 CO_2의 온도(11, 30, 35°C)에 따른 TPR 곡선의 변화

2) 불순물이 CO_2 주입유량에 미치는 영향

그림 6.5.3은 불순물이 정두압력(p_{wh})과 주입유량에 미치는 영향을 보여준다. 불순물을 첨가하면 서로 다른 분자성분이 혼합되어 CO_2 상거동에서 임계점이 변화하고, 이로 인해 밀도, 점성도가 변화하며, 궁극적으로 TPR 곡선에 영향을 준다. 동일한 유량의 CO_2를 주입하더라도 5%

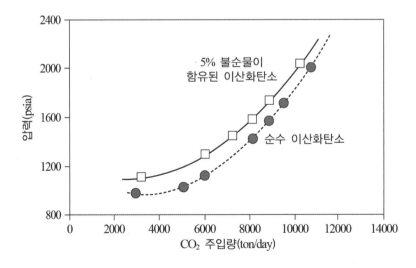

그림 6.5.3 불순물이 주입정 상부(Wellhead) 압력과 주입유량에 미치는 영향

불순물을 함유한 경우가 순수 CO_2보다 정두압력이 증가한다. 정두압력 증가하면 공저압력도 증가하며 TPR 곡선도 변화하게 된다.

3) 정두압력(Wellhead pressure)이 TPR 곡선에 미치는 영향

TPR 곡선은 정두의 밸브를 열고 닫음을 통해서 정두압력(p_{wh})을 조절할 수 있다. 즉, 정두밸브를 열면 정두를 통해서 더 많은 CO_2가 주입되므로 유량과 정두압력이 증가하고, 이로 인해 공저압력도 증가하게 된다. 노달분석을 통해서도 정두압력이 증가하면 TPR 곡선이 변화하여 공저압력과, 주입유량이 증가하는 것을 확인할 수 있다(그림 6.5.4).

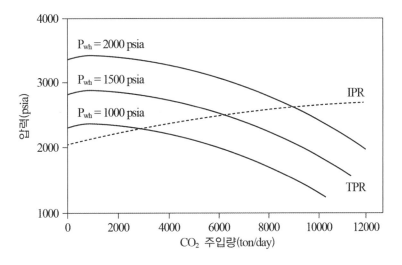

그림 6.5.4 정두압력에 따른 공저압력(p_{wf})과 주입유량(q_{co_2})의 변화

4) 주입정(튜빙)의 직경에 따른 변화

주입정의 직경에 따라 TPR 곡선이 변화한다. 튜빙의 직경이 증가(2 7/8인치, 3.5인치, 4.5인치로 증가)할수록 동일한 시간 동안 주입되는 CO_2 양이 증가한다. 또한 주입유량이 증가함에 따라 튜빙 내에서의 압력뿐만 아니라 TPR 곡선이 변화하여 공저압력이 증가함을 확인할 수 있다(그림 6.5.5).

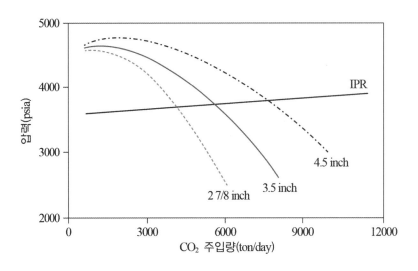

그림 6.5.5 주입정의 직경에 따른 TPR 곡선의 변화

5) 저장 지층 상태에 따른 IPR의 변화

저장 지층의 상태에 따라서 IPR 곡선에 영향을 미칠 수 있다. 그림 6.5.6에서 초기 IPR 곡선은 IPR1에 해당하였으나 공저 주변의 지층손상, 다상유동 발생으로 인한 투과도 감소 및 점도 증가 효과 등이 발생하여 IPR2와 같이 변화될 수 있으며, 이때의 공저압력은 증가하고, 주입유량은 감소하게 된다. 반대로 산 처리, 수압파쇄 등으로 공저주변의 공극확대 및 지층 내부로의 균열이 발생하면 투과도가 좋아지게 되고, 이로 인해 IPR3으로 변화할 수 있으며, 이때의 공저압력은 감소하고 주입유량은 적은 양이기는 하지만 증가할 수 있다. IPR4는 주입시간이 충분히 경과하여 지층 내부로 이미 많은 양의 CO_2가 저장되었을 때의 IPR 곡선을 보여준다. 주입된 양이 증가하면 지층 내부의 평균압력이 상승하므로 IPR 곡선 자체가 변화하게 되며, 이때 공저압력은 증가하고 주입유량은 감소하게 된다.

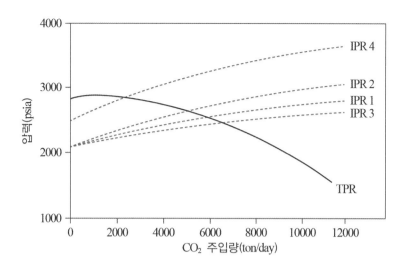

그림 6.5.6 저장 지층의 상태에 따른 IPR 곡선의 변화

6.6 대염수층 대상으로 한 노달분석 연구사례

이 절에서는 국내 대륙붕 대염수층을 대상으로 노달분석을 수행한 연구를 현장 사례 예시로 제시하고자 한다(장영호 등, 2010). 해당 연구에서는 노달분석을 수행하여 대염수층 내 CO_2를 효율적으로 주입하기 위한 시스템 및 운영조건을 파악하고 이를 통해서 CO_2 수송·주입 시스템의 적정 규격, 운영 압력 및 온도조건 최적의 주입 시스템을 결정하고자 하였다(그림 6.6.1). 그림 6.6.1에서 노드 1은 포집된 CO_2의 수송을 위한 저장설비 시스템, 노드 2는 파이프를 통한 육상수송을 위해 가압하기 위한 압축/냉각 시스템, 노드 3은 해저면의 파이프 유동 시스템, 노드 4는 해상에서의 CO_2 압축/냉각 시스템, 노드 5는 라이저 시스템, 노드 6은 정두에서부터 공저까지의 튜빙 시스템, 노드 8은 대염수층 시스템을 보여주고 있다.

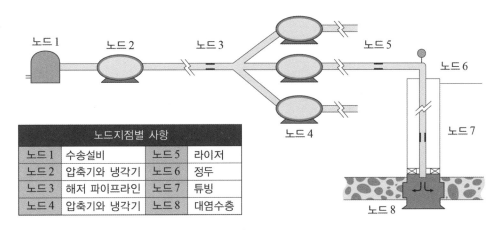

노드지점별 사항			
노드1	수송설비	노드5	라이저
노드2	압축기와 냉각기	노드6	정두
노드3	해저 파이프라인	노드7	튜빙
노드4	압축기와 냉각기	노드8	대염수층

그림 6.6.1 국내 대륙붕 대염수층을 대상으로 노달분석의 모식도

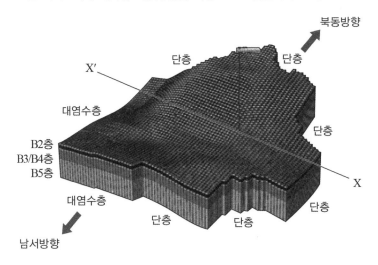

그림 6.6.2 대염수층의 지질 모델(장영호 등, 2010)

6.6.1 현장 사례를 예시로 한 대염수층 내 적정 주입량 산출

해당 대염수층의 구조는 총 5개의 층으로 구성되어 있다. 이 중에서 CO_2 격리대상 지층은 사암으로 구성되어 있는 B2, B3/B4, B5 층이다. 각각의 대염수층의 최상부층과 최하부층은 덮개암과 기반암인 불투수층으로 구성되어 있어서 각 지층 사이의 유체유동이 발생하지 않는 다중 지층 구조이다(장영호 등, 2010). 이러한 대염수층의 지질구조는 저류층 시뮬레이터를 이용하여 격자 시스템을 통해 묘사할 수 있다(그림 6.6.2). 이때 초기 대염수층의 경계조건은 대염수층이 연결되어 있어 지속적인 염수의 유입이 발생할 수 있기에 일정 압력이 유지되는 조건이며, 이 외의 경계면은 단층과 접해 있으므로 닫힌 경계 조건으로 되어 있다.

6.6.2 대염수층 내 적정 주입량

해당 대염수층은 사암으로 이루어져 있으며, 암석파괴압력은 약 6960psia로 예상된다(이영수, 2008). 미국의 규정에 따르면 대염수층의 경우 암석파괴압력의 70% 내지 80% 이하로 최대주입압력을 설정하는 것이 일반적이다(David and Bachu, 1996). 해당 연구사례는 암석파괴압력의 78% 기준을 적용하여 주입정 하부의 최대주입압력($p_{wf\max}$)을 5400psia로 설정하였다. 이에 저류층 시뮬레이션을 수행한 결과, B3/B4 층에 주입 가능한 적정 주입량은 1700ton/day, B2층과 B5 층의 적정 적정주입량은 550ton/day, 175ton/day가 합리적으로 판단되며, 이때의 주입정 정두압력(p_{wf})은 B2, B3/B4, B5 층별로 각각 4970psi, 4975psi, 4896psi로 예상된다(그림 6.6.3).

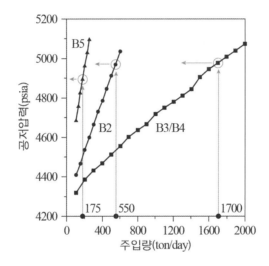

그림 6.6.3 CO$_2$ 주입유량에 따른 주입정하부 압력의 변화

그림 6.6.3에서 볼 수 있듯이 B2, B3/B4, B5 층별의 적정 주입량과 주입정 정두압력(p_{wf})이 설정되었다. 이제부터는 각 지층의 적정주입량 조건(B2 층: 550ton/day, B3/B4 층: 1700ton/day, B5 층: 175ton/day인 조건)에서 CO$_2$ 온도를 15℃에서 45℃로 변화시키면서 튜빙 내경에 따른 정두압력(Wellhead pressure, p_{wh})을 산출하였다(그림 6.6.4). 그림 6.6.4에서 볼 수 있듯이 주입온도가 감소할수록 CO$_2$ 밀도가 증가하기 때문에 동일한 공저압력 조건에서 정두압력은 감소한다. 지상플랫폼에서 대기온도와 유사할수록 온도가 변환할 필요가 없으며, 정두압력이 낮을수록 압축기에서의 펌핑에 따른 비용이 감소하여 더 경제적이므로 그림 6.6.4의 결과에서 15℃가 가장

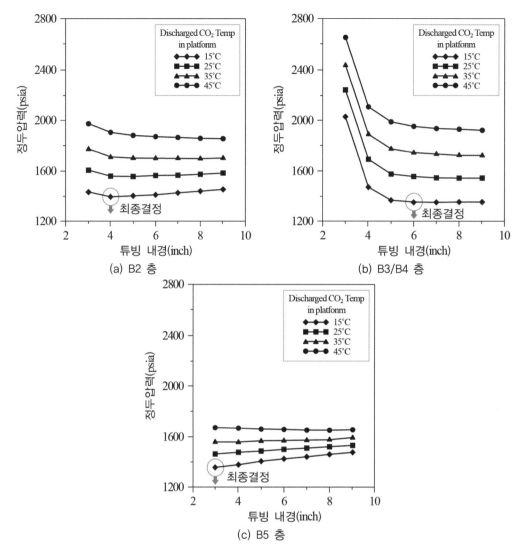

그림 6.6.4 CO_2 온도와 튜빙 내경에 따른 주입정 상부압력

경제적인 주입정 상부의 적정온도라고 할 수 있다. 또한 B2, B3/B4, B5 주입정에서 튜빙 내경이 각각 4인치, 6인치, 3인치에서 가장 낮은 주입정 상부압력이 산출되는 것으로 나타났다.

라이저(Riser)는 해상 플랫폼과 해저면에 있는 주입정을 연결하는 유동라인이다(그림 6.6.5). CO_2는 해상 플랫폼에서 라이저를 통해 해저면의 주입정으로 유동하게 된다. 이번에는 라이저의 직경에 따른 플랫폼에서의 적정 배출압력(discharge pressure)을 찾고자 그림 6.6.4에서 설정된 주입정 상부(Wellhead)의 압력으로부터 라이저의 직경에 따른 플랫폼에서의 배출압력을 역으로 도출하였다(그림 6.6.6). B3/B4 주입정을 제외하면 발생되는 압력감소 효과가 거의 미비함

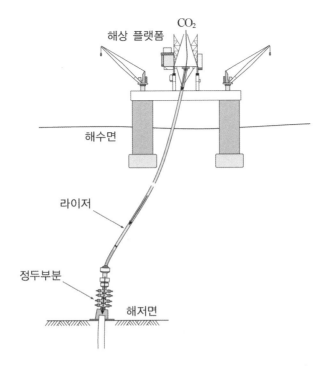

그림 6.6.5 해상 플랫폼과 주입정을 연결하는 라이저의 모식도

을 알 수 있다. 가장 최소의 배출압력을 결정하기 위해서 B2, B3/B4, B5 주입정에 연결된 라이저의 내경을 각각 4, 5, 3인치로 설계하여 적용하였으며, 이때 주입 초기 시점에서 플랫폼 내 적정 배출압력은 B2, B3/B4, B5 층별로 1588psi, 1553psi, 1539psi로 예상된다.

이러한 압력을 만족하기 위해서는 플랫폼 내 가스압축장치로 유입되는 유입압력을 가압하는 방식을 사용하는데 유입압력에 대한 배출압력의 비를 뜻하는 압축 비율은 2.5 이하로 설계하는 것이 일반적이며 주입 기간 동안 대염수층의 평균압력 상승에 따른 주입압력의 증가를 고려하여 주입 초기 시점에서는 2.0 이하의 압축 비율로 운영하는 시스템을 설계하는 것이 바람직하다. 각각의 대염수층의 주입 효율성이 다르므로 이를 고려하기 위해 주입정별로 가스 압축장치를 개별적으로 설치하였다. 앞서 결정된 주입량을 만족시키는 B2, B3/B4, B5 층에 연결된 각각의 가스 압축장치 압축 비율은 유입압력의 2.00, 1.95, 1.93이며, 이때 필요한 가스압축장치의 유입압력은 797psi로 예상된다.

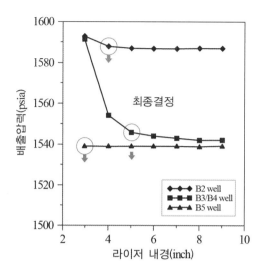

그림 6.6.6 라이저의 내경에 따른 해상 플랫폼에서의 배출압력

| 참고문헌 |

- 이영수, 박용찬, 권순일, 성원모, 2008, 국내 대륙붕 고래 V 구조 대염수층에의 CO_2 저장 타당성 분석 연구, 한국자원공학회지, 45 (4), pp. 381-393.

- 장영호, 김기홍, 성원모, 2010, 국내 V 구조내 대염수층에 노달분석을 통한 CO_2 주입 최적 설계, 한국자원공학회지, 47 (6), pp. 862-870.

- Bachu, S., 2015, Review of CO_2 storage efficiency in deep saline aquifers. International Jounal of Greenhouse Gas Control, 40, pp. 188-202.

- Cinar, Y., Riaz, A., and Tchelepi, H.A., 2007, Experimental study of CO_2 injection into saline formations. In SPE Annual Technical Conference and Exhibition. SPE Journal, 14 (4), pp. 588-594.

- David, H.S.L., and Bachu, S., 1996, Hydrogelogical and Numerical Analysis of CO_2 Disposal in Deep Aquifers in the Alberta Sedimentary Basin, Energy Convers. Mgmt, 37, pp. 1167-1174.

- Elenius, M.T., and Gasda, S.E., 2013, Convective mixing in formations with horizontal barriers. Advances in Water Resources, 62, pp. 499-510.

- FME Success report, 2015, Critical factors for considering CO_2 injectivity in saline aquifers, FME SUCCESS Synthesis report. Volume 3, FME Success, Norway.

- Global Carbon Captuere and Storage Institute, 2015, Strategies for injection of CO_2 into carbonate rocks at Hontomin. Final technical report, Global CCS Institute, Spain.

- Hailong Li, 2008, Thermodynamic Properties of CO_2 Mixtures and Their Applications in Advanced Power Cycles with CO_2 Capture Processes, PhD Thesis, Royal Institute of Technology, Stockholm, Sweden.

- Miri, R., Hellevang, H., Braathen, A., and Aagaad, P., 2014, Phase relations in the Longyearbyen CO_2 lab reservoir-forecasts for CO_2 injection and migration. Norwegian Journal of Geology, 94, pp. 217-232.

- Pham, T.H.V., Maast, T.E., Hellevang, H., and Aagaard, P.I., 2011, Numerical modeling including hysteresis properties for CO_2 storage in Tubåen formation, Snøhvit field, Barents Sea. Energy Procedia, 4, pp. 3746-3753.

- Sundai, A., Miri, R., Petter, N.J., Dypvik, H., and Aagaard, P., 2013, Modeling CO_2 distribution in a heterogeneous sandstone reservoir, the Johansen formation, Northern North se

　　　a. In EGU General Assembly Conference Abstracts, 15, P 13770.

• TNO report, 2019, CO_2 storage feasibility in the P18−6 depleted gas field, TNO 2019 R11212 (P18−6 feasibility study), TNO, The Netherlands.

• Wang, Y., Zhang, K., and Wu, N., 2013, Numerical investigation of the storage efficiency factor for CO_2 geological sequestration in saline formations. Energy Procedia, 37, pp. 5267−5274.

CO₂ 주입 안정성 분석

07 CO_2 주입 안정성 분석

CO_2의 안정적인 지중 저장을 위해서는 대상 지층의 저장 용량(capacity), 주입성(injectivity) 그리고 차폐성(confinement)이 보장되어야 한다. 이 챕터에서는 이 세 가지 중 CO_2의 안정적인 영구 격리(permanent sequestration)와 직접적으로 연관된 차폐성에 대해 설명하고자 한다. CO_2 지중 저장 대상 지층 결정 시, 차폐성을 확보하기 위해서는 주입된 CO_2의 수평·수직 방향 유출을 방지할 수 있도록 불투과성 단층과 덮개암(cap rock) 존재 유무를 고려해야 한다. 하지만 CO_2 주입량이 과도할 경우, 공극 내 상승된 유체 압력이 지층의 강도를 초과하여 대상 지층이나 덮개암에서 균열이 생성될 수 있고, 지층 내 존재하는 단층이 재활성화되는 등의 안정성 문제가 발생할 수 있다. 이러한 안정성 문제는 주입정에서도 발생할 수 있는데, 대표적인 예가 과도한 주입 압력으로 인한 균열 발생과 주입정과 지층 사이의 공간을 통한 CO_2 누출 등이다. 따라서 CO_2지중 저장 중 안정성 확보가 가능한 최대 주입 압력, 최대 주입 유량 및 최대 저장 용량을 도출하는 것이 CO_2 지중 저장 설계 과정에서 가장 중요한 부분 중 하나라고 할 수 있다.

안정적인 CO_2 지중 저장을 위해서는 지구역학적(geomechanical) 지식이 필수적이다. 방대한 분야를 모두 설명하기는 힘들지만, 이 챕터에서는 CO_2 지중 저장과 그에 따른 안정성 분석에 필요한 부분만을 요약하여 설명하고자 한다.

7.1 응력의 기본 개념

7.1.1 응력(Stress)

응력은 단위면적당 외부에서 작용하는 힘으로 정의되며 이를 수식으로 표현하면 아래와 같다.

$$\sigma = \frac{\Delta F}{\Delta A} \qquad\qquad\qquad 식(7.1.1)$$

위 식에서 ΔF는 단위면적에 작용하는 힘을, ΔA는 단위면적을 의미한다. 만약 힘이 작용하는 면적이 무한히 작다면, 이를 다음과 같은 수식으로 표현할 수 있다.

$$\sigma = \lim_{\Delta A \to 0} \frac{\Delta F}{\Delta A} \qquad\qquad\qquad 식(7.1.2)$$

힘은 방향성을 가진 값이므로, 이를 바탕으로 계산되는 응력도 벡터값으로 표현된다. 석유공학을 비롯한 토목공학 등 지하의 응력상태에 대해 다루는 전공에서는, 압축되는 방향을 양의 부호(+)로 표시하며, 인장되는 방향을 음의 부호(−)로 표시한다. 응력은 좌표계에 따라 성분으로 분해하여 표현이 가능한데, 3차원 x-y-z 좌표계에서는 다음과 같이 표시한다(그림 7.1.1).

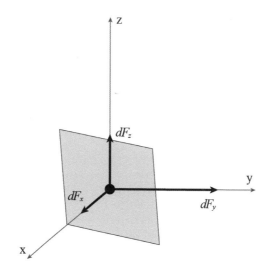

그림 7.1.1 3차원 좌표계에서의 힘의 성분

$$\sigma_{xx} = \frac{dF_x}{dA} \qquad \qquad \text{식(7.1.3)}$$

$$\sigma_{xy} = \frac{dF_y}{dA} \qquad \qquad \text{식(7.1.4)}$$

$$\sigma_{xz} = \frac{dF_z}{dA} \qquad \qquad \text{식(7.1.5)}$$

따라서, 3차원 좌표계에서의 응력은 아래와 같이 행렬형태로 표현이 가능하다.

$$\begin{pmatrix} \sigma_{xx} & \sigma_{xy} & \sigma_{xz} \\ \sigma_{yx} & \sigma_{yy} & \sigma_{yz} \\ \sigma_{zx} & \sigma_{zy} & \sigma_{zz} \end{pmatrix} \qquad \qquad \text{식(7.1.6)}$$

위에서 보는 것과 같이, 응력의 성분은 응력의 작용면과 응력의 작용 방향에 따라 아래첨자를 활용하여 표현하게 된다. 아래첨자 중 첫 번째 문자가 바로 응력이 작용하는 평면, 두 번째 문자가 바로 응력의 작용 방향이 된다. 응력이 작용하는 평면과 방향이 같은 경우 이를 수직응력(normal stress)이라고 하며, 다른 경우 이를 전단응력(shear stress)이라고 한다.

7.1.2 주응력(Principal Stress)

식(7.1.6)과 같이, 3차원 좌표계에서 응력 상태를 정의하기 위해서는 총 9개의 응력 값이 필요하다. 이 중 작용하는 평면과 응력의 방향이 같은 수직응력은 총 3개(σ_{xx}, σ_{yy}, σ_{zz}), 전단응력은 총 6개(σ_{xy}, σ_{xz}, σ_{yx}, σ_{yz}, σ_{zx}, σ_{zy})가 존재한다. 응력이 작용하는 좌표계를 특정각만큼 회전하였을 때 전단응력을 모두 0으로 만들 수 있는데, 이때의 각을 주각(principal angle)이라고 하고, 회전 후의 수직응력 값을 주응력(principal stress)으로 정의한다. 이를 그림 7.1.2에 도시하였다.

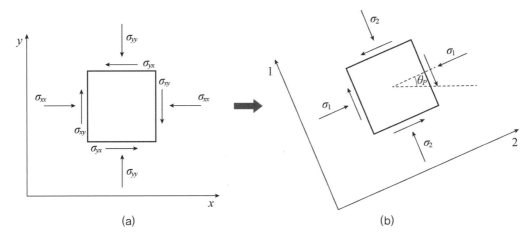

그림 7.1.2 주각만큼의 회전을 통한 주응력으로의 변환, (a) 수직응력과 전단응력으로 구성된 초기 응력 상태, (b) 주응력으로만 구성된 응력 상태

설명의 편의를 위해 2차원 좌표계에 응력 성분들을 도시하였다. 그림 7.1.2(a)에서 보는 것과 같이 초기의 응력 상태는 2쌍의 수직응력과 2쌍의 전단응력으로 구성된다. 이 좌표계를 주각(θ_p)만큼 회전하면 그림 7.1.2(b)와 같이 전단응력이 제외된 수직응력으로만 구성되는 응력 상태로 단순화가 가능하다. 주각은 아래 수식으로 계산한다.

$$\theta_p = \frac{1}{2}\tan^{-1}\frac{2\sigma_{xy}}{\sigma_{xx} - \sigma_{yy}} \qquad\qquad 식(7.1.7)$$

주각의 크기만큼 좌표계를 회전한 후 도출되는 주응력의 크기는 아래와 같은 식으로 계산할 수 있다.

$$\sigma_1 = \frac{1}{2}(\sigma_{xx} + \sigma_{yy}) + \sqrt{\sigma_{xy}^2 + \frac{1}{4}(\sigma_{xx} - \sigma_{yy})^2} \qquad\qquad 식(7.1.8)$$

$$\sigma_2 = \frac{1}{2}(\sigma_{xx} + \sigma_{yy}) - \sqrt{\sigma_{xy}^2 + \frac{1}{4}(\sigma_{xx} - \sigma_{yy})^2} \qquad\qquad 식(7.1.9)$$

이렇게 주응력으로 응력 상태를 변환하는 경우, 전단응력이 0이 되어 응력 상태를 단순화할 수 있는 장점이 있다. 이를 행렬을 포함한 수식으로 표현하면 다음과 같다.

$$\begin{pmatrix} \sigma_{xx} \ \sigma_{xy} \\ \sigma_{yx} \ \sigma_{yy} \end{pmatrix} \longmapsto \begin{pmatrix} \sigma_1 \ 0 \\ 0 \ \sigma_2 \end{pmatrix}$$
식(7.1.10)

이와 같이 주응력 개념을 사용하면 우리가 표현하고자 하는 응력의 상태를 수직응력으로만 단순하게 표현할 수가 있다. 우리가 주로 다루는 지하의 응력 상태를 주응력으로 나타내는 경우, 일반적으로 연직 방향으로는 회전할 필요가 없이 주응력 방향이기 때문에 수평 방향으로의 회전만으로 3차원 응력 상태를 3가지 주응력으로 단순화 가능하다.

7.1.3 유효응력(Effective Stress)

우리가 응력 상태를 나타내고자 하는 지층은 늘 공극 내 유체를 포함하며, 이 공극 내 유체는 특정 압력을 가지고 있다. 외부에서 응력이 가해질 경우, 내부의 공극압이 이에 저항하게 되는데, 이때 암석이 순수하게 받는 응력을 유효응력이라고 부르고, σ'으로 명시한다(Terzaghi, 1922; Bishop, 1959; Skempton, 1961).

$$\sigma' = \sigma - \alpha p_p$$
식(7.1.11)

이 식에서 α는 Biot 상수라 부르고, 외부 응력 σ 중 공극 내부의 유체가 지지하는 비율을 의미하며, α는 1보다 작은 양의 값을 가진다. 암석의 뼈대(skeleton)가 강한 경우, 공극 내 유체의 지지 비율이 낮지만, 파괴에 가까워진 암석의 경우, 암석 내의 유체가 외부 응력 전체를 지지하기 때문에 α를 1과 같이 가정한다.

지중 대상을 목적으로 한 CO_2 주입에 따른 지층의 유효응력 상태를 예로 들면, 주입에 따라 공극 내 유체 압력(p_p)이 상승하여 유효응력(σ')은 감소하게 된다. 반대로 지층에서의 유체 생산이 수행되면, 공극 압력이 감소하기 때문에 유효응력이 상승하게 된다.

7.2 초기 응력 상태(In-situ Stress Condition)

CO_2 지중 저장 대상 지층은 높은 응력하에 존재하게 된다. 이 지층이 놓여있는 초기 응력 상태를 도출하는 것은 CO_2 주입 및 저장 시 발생 가능한 지층의 변형 및 파괴를 예측하는 데에 필수적이다. 지층의 초기 응력 상태는 주응력으로 표기하며, 그 방향과 크기에 따라 연직응력(vertical stress, σ_V), 최대 수평 주응력(maximum horizontal stress, σ_H), 최소 수평 주응력(minimum horizontal stress, σ_h)으로 명명한다(그림 7.2.1). 초기 응력 상태를 도출하기 위해서는 밀도 검층(density logging), 이미지 검층(image logging), 시추 보고서(drilling report), Minifrac 시험 등 다양한 자료의 통합해석이 필요하다.

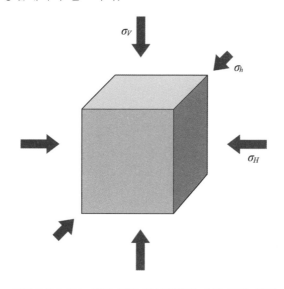

그림 7.2.1 CO_2 지중 저장 대상지층의 초기 응력 상태

응력 상태 판별을 위해 활용되는 이론 중 대표적인 것이 바로 앤더슨 단층 이론(Andersonian Faulting Theory)이다. Anderson(1905)은 단층들을 둘러싼 주응력의 크기에 따라 단층을 분류할 수 있다는 것을 발견하였다. 모든 단층은 확장(extensional), 압축(compressional), 혹은 주향 이동(strike-slip) 단층으로 구분되고, 이때 이 단층들이 놓인 주응력 상태는 아래와 같다.

- 정단층(normal fault; extensional) : $\sigma_V > \sigma_H > \sigma_h$

- 주향이동단층(strike-slip fault) : $\sigma_H > \sigma_V > \sigma_h$

- 역단층(reverse fault; compressional) : $\sigma_H > \sigma_h > \sigma_V$

앤더슨 단층 이론은 단층이 존재하는 지층의 응력 상태 판별에 큰 역할을 한다. 예를 들어, 특정 지점에서 역단층이 관찰되는 경우, 이곳에서의 최대 주응력은 최대 수평 주응력이 된다. 검층 자료, 시추 보고서 등의 다른 자료의 결과와 통합 해석을 수행할 경우, 단층이 존재하는 지역의 초기 응력 상태를 판별하는 데 매우 중요한 참고자료로 활용이 가능하다.

7.3. 암석 파괴 기준(Rock Failure Criteria)

암석 파괴 기준을 적용하면, 암석이 파괴되는 응력 상태를 도출할 수 있다. 지중에 CO_2를 주입하는 경우, 유효 응력 상태가 변화하고, 만약 이것이 암석 파괴 조건을 만족할 경우, 지층의 암석이 파괴되고 생성된 균열을 통해 CO_2의 누출이 가능하다. 여기에서는 암석 파괴 기준 중 가장 널리 사용되는 모어-쿨롬(Mohr-Coulomb, 이하 MC) 파괴 기준과 드러커-프래거(Drucker-Prager, 이하 DP) 파괴 기준에 대해 간략히 알아보고자 한다.

MC 파괴 기준은 암석에 작용하는 응력이 양의 값일 경우에 정확한 것으로 알려져 있어 늘 압축 응력 상태에 놓여있는 지하의 암석에 적용하기 용이하다. 쿨롬이 제시한 암석 파괴 시의 수직응력과 전단응력의 관계식은 아래와 같다.

$$\tau = C + \sigma_n \tan \phi \qquad\qquad \text{식(7.3.1)}$$

이 식에서 τ는 파괴면에서의 전단응력, C는 순수 전단 강도(cohesion), σ_n는 파괴면에서의 수직응력, ϕ는 내부 마찰각(angle of internal friction)이다. 이 중 전단응력과 수직응력은 모어에 의해 아래와 같이 다시 정의되었다.

$$\tau_{\max} = f(\sigma_{m,2}) \qquad\qquad \text{식(7.3.2)}$$

이 식에서 $\tau_{\max}$와 $\sigma_{m,2}$는 각각 최대 전단응력과 2차원 영역에서의 평균 수직응력이며, 다음의 식으로 계산이 가능하다.

$$\tau_{\max} = \frac{\sigma_1 - \sigma_3}{2} \qquad\qquad \text{식(7.3.3)}$$

$$\sigma_{m,2} = \frac{\sigma_1 + \sigma_3}{2} \qquad\qquad \text{식(7.3.4)}$$

이 식에서 σ_1과 σ_3는 각각 최대·최소 주응력이다. 암석이 파괴되는 순간을 모어와 쿨롬 파괴 기준이 통합된 MC 파괴기준으로 도시하면, 반지름 $\tau_{\max}$과 중심($\sigma_{m,2}$, 0)의 모어 원(Mohr circle)이 쿨롬이 제시한 식(7.3.1)로 그려진 파괴포락선(failure envelope)에 접하는 순간이 된다(그림 7.3.1). 모어와 쿨롬의 파괴기준식을 결합하여 최대, 최소 주응력을 활용한 식으로 나타내면 아래와 같다.

$$\sigma_1 - p_p = UCS + q(\sigma_3 - p_p) \qquad\qquad \text{식(7.3.5)}$$

이 식에서, UCS는 일축 압축 강도(unconfined 혹은 uniaxial compressive strength)이며, q는 아래의 식으로 계산 가능하다.

$$q = \tan^2\left(\frac{\pi}{4} + \frac{\phi}{2}\right) \qquad\qquad \text{식(7.3.6)}$$

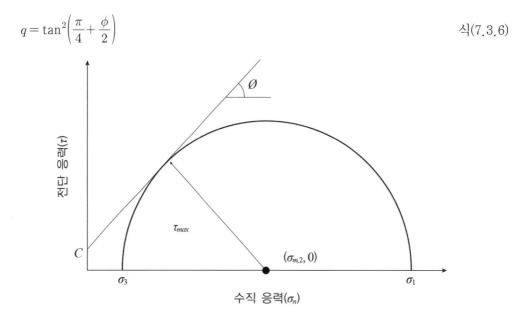

그림 7.3.1 파괴 순간의 응력 상태를 도시하는 모어 원과 쿨롬 파괴포락선

반면에 DP 기준식은 8면체 전단응력(τ_{oct})과 수직응력($\sigma_{n,oct}$) 간의 관계식을 통해 정의된다.

$$\tau_{oct} = k + m\,\sigma_{n,oct}$$ 식(7.3.7)

$$\tau_{oct} = \frac{1}{3}\sqrt{((\sigma_1 - \sigma_2)^2 + (\sigma_2 - \sigma_3)^2 + (\sigma_3 - \sigma_1)^2)}$$ 식(7.3.8)

$$\sigma_{n,oct} = \frac{\sigma_1 + \sigma_2 + \sigma_3}{3}$$ 식(7.3.9)

k와 m은 MC 파괴기준에서 사용하는 순수 전단 강도와 내부마찰각의 함수이다. DP 파괴기준식은 아래의 식으로 나타낼 수 있다.

$$\sqrt{\frac{1}{6}((\sigma_1 - \sigma_2)^2 + (\sigma_2 - \sigma_3)^2 + (\sigma_3 - \sigma_1)^2)} = a(\sigma_1 + \sigma_2 + \sigma_3 - 3p_p) + b$$ 식(7.3.10)

이 식에서 a와 b는 상수이며, MC 파괴기준의 순수 전단 강도(C)와 내부마찰각(ϕ)으로 구할 수 있으며, 일반적으로 아래와 같이 계산된다.

$$a = \frac{2\sin\phi}{\sqrt{3}\,(3 - \sin\phi)}$$ 식(7.3.11)

$$b = \frac{6\,C\cos\phi}{\sqrt{3}\,(3 - \sin\phi)}$$ 식(7.3.12)

7.4 단층 재활성화(Fault Reactivation)

CO_2 지중 저장 대상 지층에 존재하는 단층은 주입된 CO_2의 유동을 막는 장벽(barrier) 역할을 하며, 안정적인 CO_2 저장을 위해 중요한 지질구조(geological structure)이다. 하지만, CO_2 주입 유량이 과도한 경우, 단층에서의 공극압 상승으로 인해 단층면에서의 마찰력이 감소하게 되고, 이 현상이 심할 경우 단층 미끌어짐 현상(fault slip)이 발생할 수 있다. 단층 미끌어짐 현상은 단층 재활성화(fault reactivation)라고도 불리는데, 이를 통해 새로운 균열이 생성되어 의도하

지 않은 방향으로의 CO_2 누출이 가능한 것은 물론, 심한 경우 단층면에서의 지진파 발생과 같은 심각한 문제가 야기될 수 있다(Rutqvist 등, 2007). 따라서 단층 재활성화를 고려한 주입 설계는 안정적인 CO_2 지중 저장을 위해 매우 중요한 부분이라고 할 수 있다. 단층의 재활성화 여부는 단층면의 마찰력과 단층면에 작용하는 연직응력에 따라 결정되며 이는 쿨롬 법칙을 통해 계산 가능하다. 식(7.3.1)을 공극 내 유체 압력을 고려한 식으로 정리하면 아래와 같다.

$$\tau = C + \mu(\sigma_n - p_p) \qquad \text{식(7.4.1)}$$

이 식에서 p_p는 유체 압력이다. 단층면 상에 작용하는 전단응력과 연직응력은 단층이 존재하는 지역의 주응력의 크기, 단층면과 주응력 방향 간의 각도를 이용하여 계산 가능하다. 2차원 시스템(x–z 면)에서 단층면 상에 작용하는 전단응력과 연직응력은 아래의 식으로 계산이 가능하다.

$$\tau = \frac{1}{2}(\sigma_z - \sigma_x)\sin 2\theta + \tau_{xz}\cos 2\theta \qquad \text{식(7.4.2)}$$

$$\sigma_n = \sigma_x\cos^2\theta + \sigma_z\sin^2\theta + 2\tau_{xz}\cos 2\theta \qquad \text{식(7.4.3)}$$

σ_x와 σ_z는 단층이 존재하는 지역에 존재하는 수평 방향, 수직 방향 주응력이며, τ_{xz}는 단층면에 작용하고 있는 전단응력, θ는 단층면과 수평 주응력 간의 각도이다(그림 7.4.1).

식(7.4.2)에 따르면, 지중에 주입된 CO_2가 단층면으로 유입되어 단층면 사이의 유체 압력을 상승시킬 경우 단층면에서의 마찰력이 낮아지며, 이것이 과도할 경우 전단 미끄러짐이 발생할 수 있다. 따라서 단층 재활성화 기준을 저류층 시뮬레이션과 결합할 경우 단층 재활성화가 발생하는 단층면에서의 유체 압력, 단층 재활성화가 발생 가능한 지점, 이때의 단층의 형태(역단층, 정단층, 주향이동 단층) 등을 예측할 수 있다.

단층의 재활성화와 관련된 단층의 물성은 단층면의 순수 전단 강도(pure shear strength)와 정적 마찰계수(static friction coefficient)이다. 이 중 단층면의 순수 전단 강도를 직접 측정하는 것이 어렵기 때문에, 설계를 위해 가장 보수적인 조건인 0으로 가정하게 된다. 이 경우, 단층 재활성화는 단층면에 작용하는 전단응력과 유효 연직응력 간의 비율로 나타낼 수 있고, 이 비율

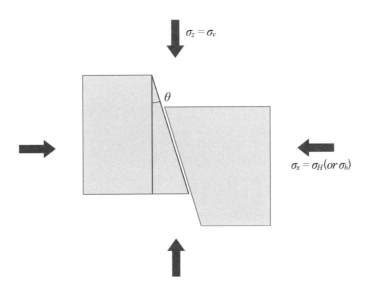

그림 7.4.1 광역 응력 상태에 따라 단층면에 작용하는 응력

을 미끄러짐 경향(slip tendency) 혹은 주변 응력 비율(ambient stress ratio)이라 명명한다. 이 조건에서 단층 재활성화는 미끄러짐 경향이 마찰력 계수(μ)보다 커질 때 발생한다. 식(7.4.1)을 아래와 같이 정리할 수 있다.

$$\frac{\tau}{\sigma_n'} \geq \mu \qquad\qquad 식(7.4.4)$$

이를 유효 수직응력의 정의를 통해 재정리하면, 식(7.4.5)와 같다.

$$p_{p,crit} = \sigma_n - \frac{\tau}{\mu} \qquad\qquad 식(7.4.5)$$

$p_{p,crit}$는 단층이 발생하는 순간의 유체 압력으로 이를 최대 허용 주입 압력(maximum sustainable injection pressure), 혹은 한계 공극 압력(critical pore pressure)이라 정의된다. 한계 공극 압력과 현 상태에서의 단층의 공극 압력의 차이를 계산하면 대상 단층이 재활성화에 얼마나 가까운 상태인지 알 수 있고, 이를 한계 동요 압력(critical perturbation pressure)이라 정의한다.

단층면의 정적 마찰계수는 단층면의 마찰력을 수치화한 상수로, 현장에서의 측정값을 토대로 일반적으로 0.6에서 0.85 사이의 값을 가지는 것으로 알려져 있다(Streit 등, 2004). 일반적으로 정적 마찰계수의 하한선인 0.6은 가장 재활성화에 근접한 단층면의 마찰계수 값으로 간주한다 (Barton 등, 1995). 따라서 0.6의 마찰계수를 사용하는 것이 CO_2 지중 저장을 위한 주입 설계 시 보수적인 값이라고 할 수 있다.

위에서 소개한 단층 재활성화 여부의 해석적 접근방식과 수치해석 분석이나 현장에서의 관측은 다소 차이를 보인다. 예를 들어, CO_2 주입으로 인해 단층에서의 유체 압력과 온도 등이 변하며, 그에 따라 단층 주변의 응력 상태가 변화하게 된다(Rutqvist 등, 2005). 이러한 변화는 단층의 재활성화를 방지하는 방향으로 발생할 수도 있고, 오히려 단층의 재활성화가 더 쉽게 일어나도록 하기도 한다.

단층 재활성화 여부 분석 수행 시 단층의 존재와 구조를 파악한 경우, 단층과 주응력간의 각도를 통해 분석이 가능하다. 하지만 탄성파 탐사 등에 포착되지 않는 작은 규모의 단층과 균열대의 경우에는 무작위 균열의 분포를 가정하고 MC 파괴기준을 활용하여 단층 재활성화 여부를 분석한다.

7.5 시추공 방벽 시스템(Well Integrity)

CO_2 지중 저장을 위한 주입정을 설치할 때 유가스전 개발과 동일한 절차 – 케이싱 설치, 케이싱과 외부 지층 사이 공간을 차폐하기 위한 시멘팅, 케이싱 내부 튜빙 설치, 천공작업 – 로 시추 및 완결 작업을 수행하게 된다. 주입정을 설치하기 전, 안정적으로 격리되어 주입된 CO_2가 상부로 유출되지 않을 것으로 판단되는 지질구조라고 하더라도 과도한 유체 압력 상승으로 인한 단층의 재활성화, 덮개암에서의 균열 발생 등에 따라 새로운 유동경로 발생이 가능하며, 이를 통한 CO_2 누출 위험성이 존재한다. 이 외에도 케이싱 외벽과 지층 사이의 공간을 차폐하는 시멘트에 균열이 생긴 경우, 주입정 외부를 따라 CO_2가 누출될 수도 있다. 특히 고갈 유가스전을 대상으로 한 CO_2 지중 저장을 수행할 경우, 노후 생산정을 주입정으로 재사용할 상황이 발생할 수 있고, 특히 오래된 시멘트의 차폐성을 고려한 설계가 요구된다(Zhang 등, 2011).

시멘트의 차폐성이 충분하다면, 주입정 외벽의 시멘트를 통한 수직 방향 유체 유동이 차단된다. 이렇게 생산정 혹은 주입정을 통한 수직 방향 유체 유동이 완벽히 차단된 상태를 시추공 방벽 시스템이 확보된 상태라 정의한다(Crow 등, 2010). 따라서 방벽 시스템의 완전성 확보 여부는 CO_2 지중 저장 시의 누출뿐만 아니라, 유가스전 개발 시 지하 유체의 누출에 대한 안전 및 환경적인 위험성을 평가할 때 매우 중요하다고 할 수 있다. 여기에서는 방벽 시스템의 완정성 미흡으로 인해 CO_2가 누출될 수 있는 경로와 완전성 저해 요인을 알아보고자 한다.

7.5.1 누출가능 경로

CO_2 지중 저장을 위한 주입정의 일반적인 완결 설계는 그림 7.5.1과 같다. 시추 작업 중 컨덕터 케이싱(conductor casing), 지표 케이싱(surface casing), 생산 케이싱(production casing)을 설치한 후 목표 심도에서 천공 작업을 수행하여 지층과 주입정 간의 유동 경로를 생성하며, 각각의 케이싱과 지층 사이의 공간은 시멘트로 채워 차폐성을 확보함으로써 유체의 상하 방향 유동을 방지하게 된다. 생산 케이싱을 설치하지 않는 나공 완결(openhole completion)의 경우에도 천공 작업을 제외한 절차와 원리는 같다.

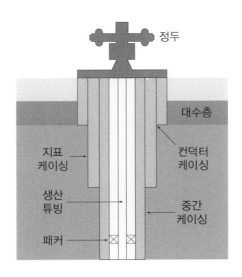

그림 7.5.1 완결작업 후의 공 모식도

주입된 CO_2가 누출 가능한 경로 중 대표적인 것이 케이싱과 외부 시멘트 사이의 공간, 시멘트와 지층 사이의 공간이다. 이 외에도 패커(packer)의 손상이나 설치 불량으로 인한 애뉴러스(annulus)를 통한 누출, 폐공(well abandonment) 이후 공 내부를 채우는 시멘트의 차폐성이 미흡할 경우 이를 통한 누출도 가능하다. 따라서 적절한 시멘팅 작업과 시멘트의 내구성 강화 등을 통한 시추공의 완전한 방벽시스템이 확보된다면, 주입정을 통한 CO_2 누출 가능성을 차단할 수 있다.

7.5.2 시추공 방벽 시스템 저하의 요인

위에서 언급한 시추와 완결 작업뿐만 아니라 폐공 과정 중에도 기계적인 결함이나 화학적 작용으로 인하여 시멘트나 케이싱 등이 손상되어 CO_2 누출이 발생할 수 있다. 폐공이란 생산 혹은 주입이 완료되었거나 손상이 심해 더 이상 제 기능을 할 수 없는 생산·주입정을 폐쇄하는 것을 의미한다. 적절한 폐공 작업을 통해 공 내·외부를 완벽하게 차폐하여 지층간의 유체 유동을 막고 지하수층을 보호하여 지상의 환경에 미치는 영향을 최소화하여야 한다(Nicot, 2009). 하지만 노후 생산정이 다수 존재하는 고갈 유가스전의 경우, 폐공 작업을 수행한 뒤에도 지층 유체와 주입된 CO_2의 누출 가능성이 존재한다. 특히, CO_2는 시멘트를 부식시킬 수 있기 때문에 장기적인 차원에서 시추공의 완전한 방벽 시스템 확보가 어려울 때가 많다. 이 외에도 시추 후의 머드 케이크가 제거되기 전에 시멘트 작업을 수행하는 경우, 시멘트가 굳기 전에 시멘트 내부로 가스 유동이 발생하여 빈 공간을 생성하는 경우, 주기적인 압력/온도 변화로 시멘트의 접촉이 미흡한 경우 등이 시멘트의 차폐성을 약화시키는 대표적인 상황이다.

CO_2를 비롯한 지층의 유체 누출이 발생하였을 경우에 나타나는 대표적인 현상이 SCP(sustained casing pressure) 혹은 SCVF(surface casing vent flow)이다. SCP는 시멘트나 패커의 손상 등을 통한 누출이 애뉼러스로 발생하게 되어 케이싱 내의 압력이 높게 유지되는 현상으로 정의되고, 지표에서 케이싱 내부의 압력을 모니터링하는 것으로 판별이 가능하다. 누출된 유체가 밖으로 빠져나가는 현상을 SCVF로 정의하는데, SCVF 현상 발생 유무는 공기방울 테스트를 통해 판단하게 되는데, 지표 케이싱 상부에 연결된 관을 2.5cm 물에 잠기게 하고, 10분 내에 공기방울 2개 이상이 발생하면 SCVF가 발생한 것으로 본다.

| 참고문헌 |

- Anderson, E.M., 1905, The dynamics of faulting, Transactions of the Edinburgh Geological Society, 8 (3), pp. 387–402.

- Barton, C. A., Zoback, M. D., and Moos, D., 1995, Fluid flow along potentially active faults in crystalline rock, Geology, 23, pp. 683–686.

- Bishop, A. W., 1959, The principle of effective stress, Teknisk Ukeblad, 106(39), pp 859–863.

- Crow, W., Carey, J.W., Gasda, S., Brian Williams, D., and Celia, M., 2010, Wellbore integrity analysis of a natural CO_2 producer, International Journal of Greenhouse Gas Control, 4, pp. 186–197.

- Nicot, J.P., A survey of oil and gas wells in the Texas Gulf Coast, USA, and implications for geological sequestration of CO_2, Environmental Geology 2009, 57, pp. 1625–1638.

- Rutqvist, J., Birkholzer, J., Cappa, F., and Tsang, C.F., 2007, Estimating maximum sustainable injection pressure during geological sequestration of CO_2 using coupled fluid flow and geomechanical fault–slip analysis. Energy Conversion Management, 48, pp. 1798–1807.

- Rutqvist, J., and Tsang, C. F., 2005, Coupled hydromechanical effects of CO_2 injection, Injection Science and Technology, pp. 649–679.

- Skempton, A. S., 1961, Effective stress in soils, concrete and rocks, Pore Pressure and Suction in Soils, pp. 4–16.

- Streit, J. E., and Hillis, R. R., 2004, Estimating fault stability and sustainable fluid pressures for underground storage of CO_2 in porous rock, Energy, 29 pp. 1445–1456.

- Tergazhi, K., 1922, Der grundbruch an stauwerken und seine verhiltung, Die Wasserkraft, 17, pp. 687445–687449.

- Zhang, M., and Bachu, S., 2011, Review of integrity of existing wells in relation to CO_2 geological storage: What do we know?, International Journal of Greenhouse Gas Control, 5, pp. 826–840.

부록

MATLAB을 활용한
저류층 시뮬레이션 소개
(MATLAB Reservoir Simulation Toolbox)

부 록 MATLAB을 활용한 저류층 시뮬레이션 소개 (MATLAB Reservoir Simulation Toolbox)

1. MRST 소개

- MRST는 다방면의 연구 분야에서 활용되는 오픈소스 프로그램으로써, MATLAB을 통해 저류층 시뮬레이션이 가능함.
- 학계, 연구소, 석유 회사 등에서 널리 활용되고 있으며, 2013년 이후 10,000번 이상의 다운로드를 진행하였고 미국, 노르웨이, 중국, 브라질, 영국, 이란, 독일, 네덜란드, 프랑스, 캐나다 등에서 많이 활용되고 있음.
- 24편의 박사학위논문 및 63편의 석사학위논문, 110편 이상의 저명학술지에 활용됨.

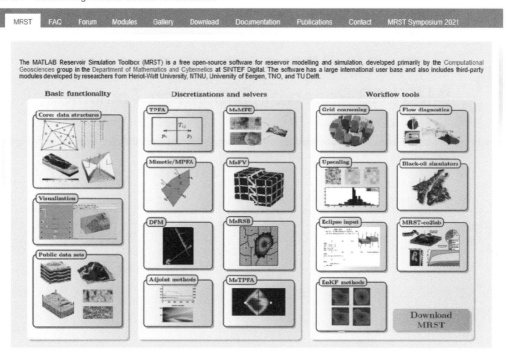

그림 1 MRST 사이트 및 소개(https://www.sintef.no/MRST)

- 기본적인 구성은 core 모듈과 add-on 모듈로 이루어져 있으며, core 모듈은 기본적인 지질학적 구조 및 격자 시스템, 석유물리 정보, 회수 메커니즘, 저류층 상태 정보를 포함함.
- add-on 모듈은 비압축성 및 압축성유체, 전반적인 워크플로우 툴, 단층 저류층, 대염수층 내 CO_2 격리모듈 등으로 이루어져 있음(그림 2).

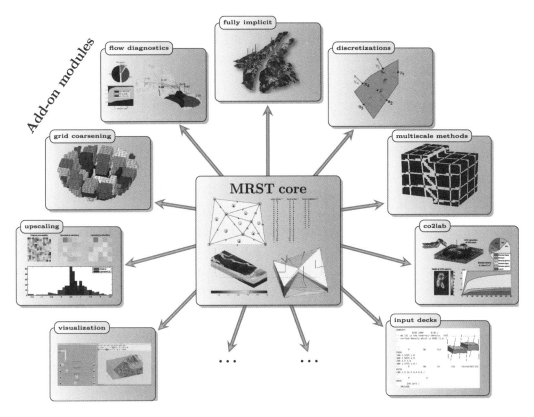

그림 2 MRST 소프트웨어 구성

2. MRST 다운로드

- https://www.sintef.no/projectweb/mrst/download/ 사이트 접속.

- 사이트 내 Download 탭에서 Download MRST 클릭.

- 경로 설정 후 다운받은 파일 압축 해제.

- MATLAB 실행 후 다운받은 MRST 폴더 내 startup 파일 실행.

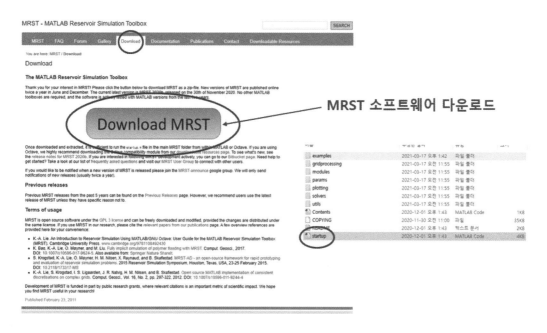

그림 3 MRST 다운로드

• 편집기에 startup.m이 실행되고, 명령창에 그림 4와 같이 나오면 설치 완료.

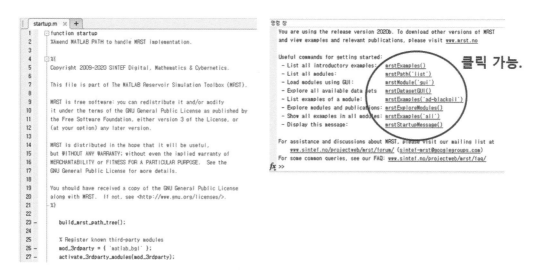

그림 4 MRST 설치 및 구동 시 편집기와 명령창의 모습

- 명령 창 내 예제 모델들이 수록되어 있으며, 이를 통해 기본적인 학습을 실시할 수 있음 (MATLAB이 익숙하지 않을 경우 추천).
- 마찬가지로, Sintef.no 사이트의 Documentation을 살펴보면 MRST 관련 서적 및 비디오 튜토리얼이 존재함.

그림 5 Sintef.no 사이트 내 Documentation 탭의 모습

3. Trapping 모델링

- 본 예제에서는 CO_2 트래핑 분석 방법 및 결과를 시각화하는 방법을 다룰 것이며, 사용된 타겟지층은 Statfjord formation의 caprock을 활용함.

1) CO_2 격리 모듈을 활용하기 위한 모듈 및 격자 호출 후 트래핑 분석 실시

CO_2lab 모듈 활용을 위한 명령어 입력(moduleCheck co2lab)

```
moduleCheck co2lab
coarsening_level = 1;
Gt = getFormationTopGrid('Statfjordfm', coarsening_level);
Gt.cells.num
```

coarsening_level은 격자의 다운샘플링을 의미하며, 본 예제에 활용되는 모델은 비교적 간단한 모델이므로 다운샘플링을 하지 않기 때문에 1을 입력함. 또한, 'getFormationTopGrid'함수를 사용하여 Statfjord formation의 격자정보를 불러오기 실행. 총 격자의 개수를 알기 위해 Gt.cells.num 명령어를 활용함.

```
ans =

123169
```

trapping analysis를 실시한 후 결과를 도시하기 위한 명령어 입력. 결과분석 부분은 저류층을 도시하는 시점 기준으로 Top view와 Oblique view를 사용함.

```
ta = trapAnalysis(Gt, false)
% Top view
figure
plotCellData(Gt, ta.traps, 'edgealpha', 0.1);
view(0, 90); axis tight; colormap lines;
set(gcf, 'position', [10 10 500 800]);
% Oblique view
figure
plotCellData(Gt, ta.traps, 'edgealpha', 0.1);
view(290, 60); axis tight; colormap lines;
set(gcf, 'position', [520 10 1200 800]);
```

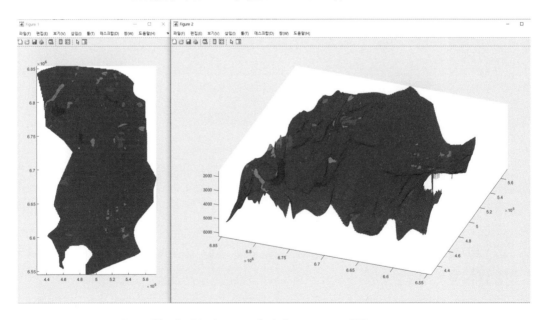

그림 6 지층 내 다수의 구조트랩, (좌) Top view, (우) Oblique view

2) 유출영역 시각화

트래핑 분석을 바탕으로 이와 연관된 유출영역을 시각화함. 유출영역을 확인하는 이유는 유출영역이 대수층 전 지점에 형성되어있으며, 이 위치로부터 CO_2가 중력에 의해 각각의 구조트랩으로 이동하기 때문임.

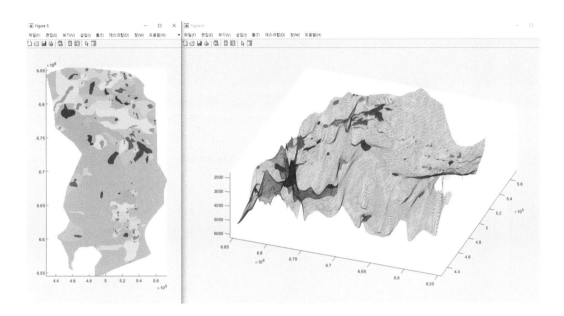

그림 7 구조트랩과 유출영역, (좌) Top view, (우) Oblique view

3) 면적 크기 분포

그림 7에서 볼 수 있듯이, 다수의 구조트랩과 유출영역은 광범위하게 퍼져있으며 그 크기 또한 다르게 나타남. 이에 대한 면적을 정확히 알기 위해 각 구조트랩과 유출영역의 격자 개수를 세고 크기에 따라 정렬하여 확인 가능. 그림 8의 각 막대는 개별 구조트랩과 그에 해당하는 유출영역의 면적을 나타냄.

```
region_cellcount = ...
    diff(find(diff([sort(ta.trap_regions); max(ta.trap_regions)+1])));
bar(sort(region_cellcount, 'descend'));
hold on;

trap_cellcount = diff(find(diff([sort(ta.traps); max(ta.traps)+1])));
bar(sort(trap_cellcount, 'descend'), 'r');
```

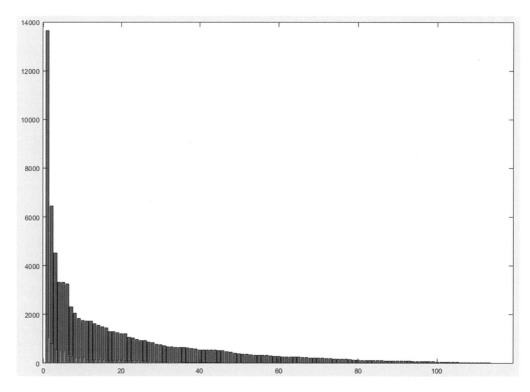

그림 8 유출영역(회색)과 구조트랩(푸른색)의 면적 크기 분포

4) 가장 큰 유출영역 확인

그림 8을 통해 면적이 가장 큰 구조트랩과 그에 해당하는 유출영역을 알 수 있었으며, 이를 통해 가장 크기가 큰 유출영역의 위치가 어디인지 확인이 가능함. 이때 'extractSubgrid' 함수를 활용하는데, 이는 입력 그리드 중 지정된 격자만으로 구성된 subgrid를 추출하는 것임.

```
[~, ix] = max(region_cellcount);

figure;
plotGrid(topSurfaceGrid(extractSubgrid(Gt.parent, find(ta.traps==ix))), ...
        'facecolor', 'r', ...
        'edgealpha', 0.1)
plotGrid(topSurfaceGrid(extractSubgrid(Gt.parent, find(ta.trap_regions==ix))), ...
        'facecolor','r', ...
        'facealpha', 0.1, ...
        'edgealpha', 0.1);
view(-64, 36);
set(gcf, 'position', [10 10 1000 700]);
```

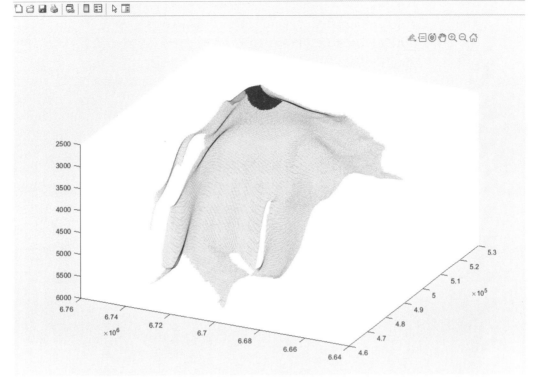

그림 9 가장 넓은 유출영역

5) CO$_2$ 이동 양상 확인

하나의 구조트랩에서 CO$_2$가 유출되면 다음 트랩에 도달할 때까지 상부로 이동함. 따라서 구조 트랩들은 계층 구조로 연결되게 되며 이를 'river'라고 표현함. 다음의 코드를 통해 트랩들과 river들을 시각화할 수 있음.

```matlab
% "river" 격자 정의
river_field = NaN(size(ta.traps));
for i = 1:numel(ta.cell_lines)
    rivers = ta.cell_lines{i};
    for r = rivers
        river_field(r{:}) = 1;
    end
end
```

```
% traps과 river 시각화 (top view)
figure;
plotCellData(Gt, river_field, 'edgealpha', 0.1);
plotCellData(Gt, trapfield, 'edgecolor', 'none');
view(0, 90); axis tight; colormap lines;
set(gcf, 'position', [10 10 500 800]);

% oblique view
figure;
plotCellData(Gt, river_field, 'edgealpha', 0.1);
plotCellData(Gt, trapfield, 'edgecolor', 'none');
view(290, 60); axis tight; colormap lines;
set(gcf, 'position', [520 10 1200 800]);
```

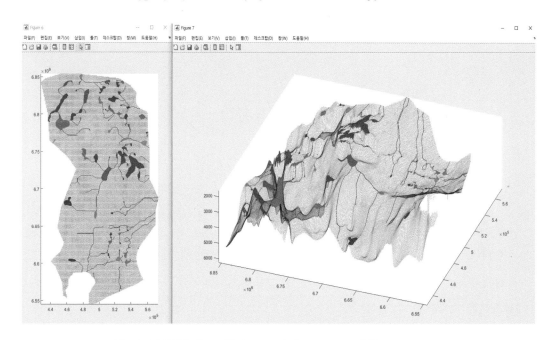

그림 10 시각화된 구조트랩과 river, (좌) Top view, (우) Oblique view

만일 이를 지형도로 확인하고 싶다면, 'mapPlot' 기능을 활용하여 그림 11과 같이 표시가 가능함.

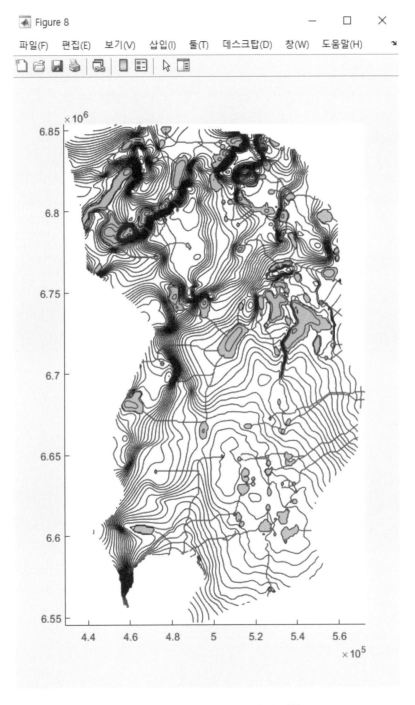

그림 11 구조트랩과 river를 나타낸 지형도

6) Trap 부피 계산

위에서 계산된 그리드 격자 기반의 면적을 활용하여 각 구조트랩의 부피를 산출할 수 있음. 트랩의 부피는 구성 격자들의 부피 합산으로 구할 수 있음. 이때 유출영역 상의 격자 부피는 각 트랩의 부피로 계산되지만, 유출영역 하부의 격자들은 trap 부피로 계산하지 않음. 따라서 각 격자 내 구조트랩 부피가 얼마인지를 정의하여야 함. 트랩에 포함되지 않는 격자의 경우 0으로 정의하며, 이외의 격자들은 유출영역으로부터 격자 상단까지의 수직거리를 곱해 부피로 정의함.

```
% 유출 지점 깊이를 0부터 인덱싱 함.
depths = [0; ta.trap_z];

% trap 높이 제공. depths벡터 맞에 인덱스를 1 더하는 이유는 MATLAB 배열이 1부터 인덱싱되기 때문임.
h = min((depths(ta.traps+1) - Gt.cells.z), Gt.cells.H);
h(ta.traps==0) = 0; % trap 외부의 격자들의 부피는 0

% Bulk 부피 계산. non-trap 격자의 경우 부피는 0
cell_tvols = h .* Gt.cells.volumes;

% 개별 격자의 trap 부피를 누적하며 각 구조 trap에 대한 총 bulk trap 부피를 얻음.
tvols = accumarray(ta.traps+1, cell_tvols);

% 'tvols'의 첫번째 항목에는 모든 non-trap 격자의 trap volume이 포함되어 있음.
% 0으로 설정되어 있긴 하나, 한번 더 0으로 설정
assert(tvols(1)==0);

% non-trap 부피는 고려대상이 아니므로 제외한 후 두번째 항목부터 도시
tvols = tvols(2:end);

% 계산된 trap 부피를 큰 순서부터 도시
figure;
bar(sort(tvols, 'descend'))
```

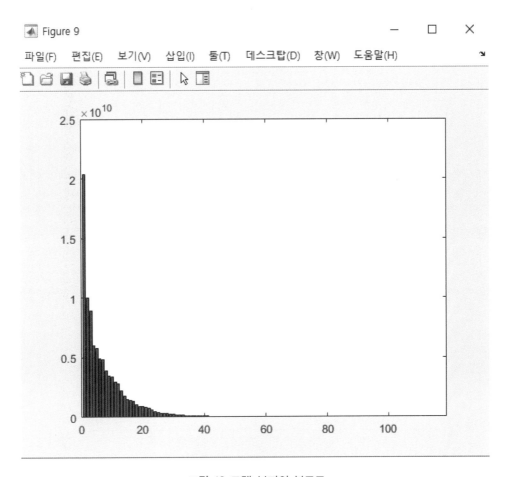

그림 12 트랩 부피의 분포도

7) 질량 측면에서의 트랩 용량 계산

CO_2 저장 목적에서 주어진 트랩 내에 저장 할 수 있는 CO_2 질량을 추정하는 것은 매우 중요함. 이는 bulk volume뿐만 아니라, 암석의 공극률, CO_2 밀도에 따라서도 달라짐. 계산을 위해 물성 값들을 다음과 같이 가정함.

Properties	Values
porosity	0.1071
seafloor temperature	7°C
temperature gradient	1km당 30°C 증가
brine density	1000kg/m³

```
porosity = 0.1071; % Statfjord formation의 공극률
seafloor_temp = 7 + 273.15; % 해저온도, Kelvin
temp_grad = 30; % 심도 1 km 당 온도 증가
rho_brine = 1000; % brine 밀도 (kg/m3)

% 중력영향 고려
gravity on;

% caprock에서의 온도구배
T = seafloor_temp + temp_grad .* Gt.cells.z/1000;

% caprock에서의 정수압 계산
P = 1 * atm + rho_brine * norm(gravity) * Gt.cells.z;

% CO2 밀도만을 고려한 유체 객체 제작
fluid = addSampledFluidProperties(struct, 'G');

% caprock에서의 local CO₂
CO2_density = fluid.rhoG(P, T);

% 각 격자에서의 질량 기반 trap 용량 계산
cell_tmass = cell_tvols .* porosity .* CO2_density;

% 각 격자 trap 용량 누적 계산
tmass = accumarray(ta.traps+1, cell_tmass);
assert(tmass(1)==0);
```

그래프 도시를 위해 아래의 명령어 추가.

```
% top view
figure
plotCellData(Gt, tmass(ta.traps+1), 'edgealpha', 0.1);
view(0, 90); axis tight; colormap cool; colorbar;
set(gcf, 'position', [10 10 500 800]);

% Oblique view
figure
plotCellData(Gt, tmass(ta.traps+1), 'edgealpha', 0.1);
view(290, 60); axis tight; colormap cool; colorbar;
set(gcf, 'position', [520 10 1200 800]);
```

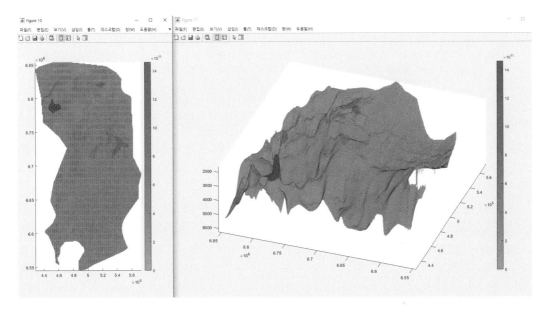

그림 13 트랩의 저장 가능 질량, (좌) Top view, (우) Oblique view

8) 최종 구조적 저장 가능 용량 계산

최종적으로 본 대수층 내 CO_2 저장 가능 용량을 평가함. 저장 가능 용량은 중력을 통해 이동하여 형성된 구조적 트랩의 양으로, 이는 local 유출영역에서의 구조트랩뿐만 아니라, 상부로 연결되어 있는 모든 트랩의 용량을 포함함. 당연히 유출영역 외부의 트랩은 이에 영향을 미치지 않으므로 0으로 계산함.

```
tmass = tmass(2:end);
cum_reachable = zeros(size(ta.traps));

% 각 trap 용량을 해당 spill region과 모든 downstream region에 추가함.
for trap_ix = 1:max(ta.traps)

    region = ta.trap_regions==trap_ix;

    % spill region 내 모든 격자에 대한 trap 용량 계산
    cum_reachable(region) = cum_reachable(region) + tmass(trap_ix);

    visited_regions = trap_ix;

    % downstream trap의 기여도 계산
    downstream = find(ta.trap_adj(:,trap_ix));
    while ~isempty(downstream)
```

```
        region = ta.trap_regions == downstream(1);
        cum_reachable(region) = cum_reachable(region) + tmass(trap_ix);

        visited_regions = [visited_regions;downstream(1)];

        % downstream(1)이 처리되었으므로, vector로부터 제거.
        downstream = [downstream(2:end); find(ta.trap_adj(:,downstream(1)))];
        downstream = setdiff(downstream, visited_regions);
    end
end

% gigaton으로 결과를 얻기 위해 'cum_reachable'을 1e12 로 나눔.
cum_reachable = cum_reachable / 1e12;
```

결과도시를 위한 코드 입력.

```
% top view
figure
plotCellData(Gt, cum_reachable, 'edgealpha', 0.1);
view(0, 90); axis tight; colormap cool; colorbar;
set(gcf, 'position', [10 10 500 800]);

% oblique view
figure
plotCellData(Gt, cum_reachable, 'edgealpha', 0.1);
view(290, 60); axis tight; colormap cool; colorbar;
set(gcf, 'position', [520 10 1200 800]);
```

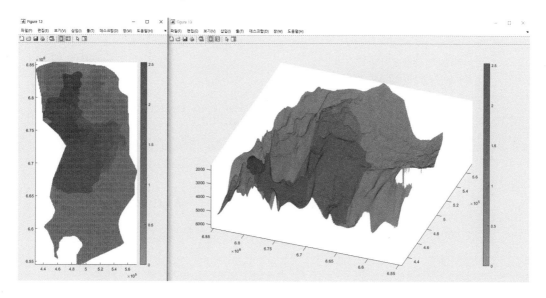

그림 14 최종 구조적 저장 가능 용량, (좌) Top view, (우) Oblique view

4. CO₂ 지중 저장 예시모듈 실행

- 본 모델은 CO_2 지중 저장 예시모델로 MRST가 제공하는 예제 모델 중 하나임.
- 간단한 3D 격자를 통해 모델을 구축하였으며, vertical equilibrium(VE)은 고려하지 않음.
- 초기 저류층 상태는 100% brine(염수)으로 이루어져 있으며, 저류층 하부의 주입정을 통해 CO_2 가 주입되는 시나리오임.
- 주입 시나리오는 pre-injection 2년 + post-injection 2년으로 총 두 번 주입함.
- 저류층의 압력 변화 및 가스포화도의 변화를 보기 위해 시뮬레이션 실시.

1) 모듈 불러오기

기본적으로 MRST를 실행하기 위해, 본인이 구축해야 할 모델에 대한 이해와 구축에 필요한 모듈들을 개별적으로 불러와야 함. 예를 들어 ad-core의 경우 일반적인 모델링의 framework만을 제공하며 black oil equation이 필요한 경우, 추가적으로 ad-blackoil 등의 모듈들을 추가적으로 불러와야 함. 본 모델의 경우, CO_2 지중 저장 모델이므로, co2lab, ad-core, ad-props, ad-blackoil, mrst-gui를 불러오기 함(각 모듈에 대한 설명은 다운로드 받은 경로의 모듈폴더를 살펴보면 각각의 설명들에 대한 readme 파일이 존재).

```
%% Load modules
mrstModule add co2lab ad-core ad-props ad-blackoil mrst-gui;
```

2) 그리드 설정

대염수층의 크기 및 dimension, 공극률, 투과도를 입력함. 본 모델은 심도는 1,500m 지점의 2,000m × 2,000m × 100m의 면적을 갖는 저류층이며, dimension은 25 × 25 × 20으로 설정. 본 모델은 CO_2 주입으로 인한 영향성을 좀 더 극대화하여 보여주기 위해, top surface로 갈수록, 또한 주입정 근처의 격자일수록 작은 크기를 갖도록 설정하였음. 입력한 값들을 3D 격자화한 후 각각의 격자에 공극률은 0.25, 투과도는 250mD를 부여함.

```
% Make 3D prism grid with cells refined towards the top
z_res = 20;%20;    % number of cells in depth direction (z)
l_res = 25;%31;    % number of cells in lateral direction (x and y)


depth = 1500; % depth of aquifer top surface
H = 100;        % full thickness of aquifer
L = 2000;       % horizontal extent

zcoord = linspace(0, 1, z_res+1).^1.5 * 100; % thinner cells towards the top

dL = linspace(0, 1, ceil(l_res/2)+1).^1.5; % narrower cells towards well
lcoord = [-fliplr(dL(2:end)), dL(2:end)] * L;

G = tensorGrid(lcoord, lcoord, zcoord, ...
               'depthz', repmat(depth, 1, (l_res+1) * (l_res+1)));
G = computeGeometry(G);

rock.poro = repmat(0.25, G.cells.num, 1);
rock.perm = repmat(250*milli*darcy, G.cells.num, 1);
```

3) 저류층 초기상태 설정

CO$_2$ 격리모델이므로, 중력 효과를 적용하기 위한 키워드를 입력. 초기 저류층은 100% brine 상태이며 이때 염수의 밀도는 1,000kg/m^{3}으로 적용. 초기 압력 및 포화도를 설정하기 위한 코드를 입력하고, 이력현상(hysteresis) 적용.

```
gravity on; % tell MRST to turn on gravity
g = gravity; % get the gravity vector
rhow = 1000; % density of brine
initState.pressure = rhow * g(3) * G.cells.centroids(:,3); % initial pressure
initState.s = repmat([1, 0], G.cells.num, 1); % initial saturations
initState.sGmax = initState.s(:,2); % initial max. gas saturation (hysteresis)
```

4) 유체모델링

CO_2 유체정보는 샘플테이블에서 불러올 수 있으며, 유체모델링을 위한 정보는 다음과 같음.

Properties	values
reference pressure	15MPa
reference temperature	70°C
brine compressibility	0 1/bar
rock compressibility	4.35e-05 1/bar
brine viscosity	8e-04 Pa·s
residual water saturation	0.27
residual gas saturation	0.2
capillary entry pressure	5kPa

```
co2     = CO2props(); % load sampled tables of co2 fluid properties
p_ref   = 15 * mega * Pascal; % choose reference pressure
t_ref   = 70 + 273.15; % choose reference temperature, in Kelvin
rhoc    = co2.rho(p_ref, t_ref); % co2 density at ref. press/temp
cf_co2  = co2.rhoDP(p_ref, t_ref) / rhoc; % co2 compressibility
cf_wat  = 0; % brine compressibility (zero)
cf_rock = 4.35e-5 / barsa; % rock compressibility
muw     = 8e-4 * Pascal * second; % brine viscosity
muco2   = co2.mu(p_ref, t_ref) * Pascal * second; % co2 viscosity

mrstModule add ad-props; % The module where initSimpleADIFluid is found

% Use function 'initSimpleADIFluid' to make a simple fluid object
fluid = initSimpleADIFluid('phases', 'WG'          , ...
                           'mu'   , [muw, muco2]    , ...
                           'rho'  , [rhow, rhoc]    , ...
                           'pRef' , p_ref           , ...
                           'c'    , [cf_wat, cf_co2] , ...
                           'cR'   , cf_rock         , ...
                           'n'    , [2 2]);

% Change relperm curves
srw = 0.27;
src = 0.20;
fluid.krW = @(s) fluid.krW(max((s-srw)./(1-srw), 0));
fluid.krG = @(s) fluid.krG(max((s-src)./(1-src), 0));

% Add capillary pressure curve
pe = 5 * kilo * Pascal;
pcWG = @(sw) pe * sw.^(-1/2);
fluid.pcWG = @(sg) pcWG(max((1-sg-srw)./(1-srw), 1e-5)); %@@
```

5) 주입정 및 스케줄 정보

주입정의 위치는 $48 \times 48 \times 6{:}10$이며, 일정 주입량 조건으로 주입하며, 주입량은 연당 1.5메가톤을 주입함.

```
% Well cell indices in 'global' grid: 48, 48, 6:10
wc_global = false(G.cartDims);
center_ix = ceil(I_res/2);

wc_global(center_ix, center_ix, z_res) = true; % bottom center cell
wc = find(wc_global(G.cells.indexMap));

% plot well cells
plotGrid(G, 'facecolor', 'none', 'edgealpha', 0.1);
plotGrid(G, wc, 'facecolor', 'red');


% Calculate the injection rate
inj_rate = 1.5 * mega * 1e3 / year / fluid.rhoGS;

% Start with empty set of wells
W = [];

% Add a well to the set
W = addWell([], G, rock, wc, ...
            'refDepth', G.cells.centroids(wc, 3), ... % BHP reference depth
            'type', 'rate', ...   % inject at constant rate
            'val', inj_rate, ...  % volumetric injection rate
            'comp_i', [0 1]);     % inject CO2, not water
```

6) 경계정보 입력(Boundary Condition)

경계정보를 입력하기 위해 모든 수직, 측면 경계면에 대한 식별 및 경계면을 갖는 격자의 압력을 경계조건으로 설정하도록 함. 또한 모든 경계면이 정수압 조건을 갖도록 설정함.

```
% Start with an empty set of boundary faces
bc = [];

% identify all vertical faces
vface_ind = (G.faces.normals(:,3) == 0);

% identify all boundary faces (having only one cell neighbor
bface_ind = (prod(G.faces.neighbors, 2) == 0);
```

```
% identify all lateral boundary faces
bc_face_ix = find(vface_ind & bface_ind);

% identify cells neighbouring lateral boundary baces
bc_cell_ix = sum(G.faces.neighbors(bc_face_ix,:), 2);

% lateral boundary face pressure equals pressure of corresponding cell
p_face_pressure = initState.pressure(bc_cell_ix);

% Add hydrostatic pressure conditions to open boundary faces
bc = addBC(bc, bc_face_ix, 'pressure', p_face_pressure, 'sat', [1, 0]);
```

7) 시뮬레이션 스케줄 기입

해당 주입정을 통해 2년 주입을 반복 2회 실시하므로, 주입정과 경계 컨트롤러를 두 개 생성한 후, 두 번째 컨트롤러의 유량을 0으로 설정함.

```
% Setting up two copies of the well and boundary specifications.
% Modifying the well in the second copy to have a zero flow rate.
schedule.control    = struct('₩', ₩, 'bc', bc);
schedule.control(2) = struct('₩', ₩, 'bc', bc);
schedule.control(2).₩.val = 0;

dT = rampupTimesteps(2*year,year/12,2);  % two years injection with increasing timestep size

schedule.step.val = [dT; ...
                     repmat(year/4, 8, 1)];     % two years post injection

% Specifying which control to use for each timestep.
schedule.step.control = [ones(numel(dT), 1); ones(8,1)*2];
```

8) 이외 시뮬레이션 실시를 위한 정보들 기입

해당 시뮬레이터의 경우 오픈소스 프로그램으로써, 별도의 plotting 툴이 존재하지 않으므로, 직접 코딩 필요. 본 시뮬레이션에서 확인하고자 하는 것은 주입 완료 이후의 CO_2 포화도 및 압력 변화이므로, 이에 대해 정보를 입력함. 또한 본 모델은 물, 가스 2상 시스템이므로 이에 대해서도 입력한 후, solver를 통해 시뮬레이션을 실행함. 모든 코딩 완료 후, MATLAB 상단의 실행버튼을 클릭하면 명령 창 내 시뮬레이션 상황을 확인할 수 있음.

```
%% Model
model = TwoPhaseWaterGasModel(G, rock, fluid, 0, 0);
```

```
%% Simulate

[wellSol, states] = simulateScheduleAD(initState, model, schedule);
```

```
%% Plot plume at end of simulation
sat_end = states{end}.s(:,2);  % co2 saturation at end state

% Plot cells with CO2 saturation more than 0.05
plume_cells = sat_end > 0.05;

clf; plotGrid(G, 'facecolor', 'none');  % plot outline of simulation grid
plotGrid(G, plume_cells, 'facecolor', 'red'); % plot cells with CO2 in red
view(35, 35);
```

```
%% Inspect results interactively using plotToolbar

clf;
plotToolbar(G,states)
```

```
Solving timestep 01/34:            -> 7 Days, 14 Hours, 2236.50 Seconds
Solving timestep 02/34: 7 Days, 14 Hours, 2236.50 Seconds -> 15 Days, 5 Hours, 873.00 Seconds
Solving timestep 03/34: 15 Days, 5 Hours, 873.00 Seconds -> 30 Days, 10 Hours, 1746.00 Seconds
Solving timestep 04/34: 30 Days, 10 Hours, 1746.00 Seconds -> 60 Days, 20 Hours, 3492.00 Seconds
Solving timestep 05/34: 60 Days, 20 Hours, 3492.00 Seconds -> 91 Days, 7 Hours, 1638.00 Seconds
Solving timestep 06/34: 91 Days, 7 Hours, 1638.00 Seconds -> 121 Days, 17 Hours, 3384.00 Seconds
Solving timestep 07/34: 121 Days, 17 Hours, 3384.00 Seconds -> 152 Days, 4 Hours, 1530.00 Seconds
Solving timestep 08/34: 152 Days, 4 Hours, 1530.00 Seconds -> 182 Days, 14 Hours, 3276.00 Seconds
Solving timestep 09/34: 182 Days, 14 Hours, 3276.00 Seconds -> 213 Days, 1 Hour, 1422.00 Seconds
Solving timestep 10/34: 213 Days, 1 Hour, 1422.00 Seconds -> 243 Days, 11 Hours, 3168.00 Seconds
Solving timestep 11/34: 243 Days, 11 Hours, 3168.00 Seconds -> 273 Days, 22 Hours, 1314.00 Seconds
Solving timestep 12/34: 273 Days, 22 Hours, 1314.00 Seconds -> 304 Days, 8 Hours, 3060.00 Seconds
Solving timestep 13/34: 304 Days, 8 Hours, 3060.00 Seconds -> 334 Days, 19 Hours, 1206.00 Seconds
Solving timestep 14/34: 334 Days, 19 Hours, 1206.00 Seconds -> 1 Year
Solving timestep 15/34: 1 Year  -> 1 Year, 30 Days, 10.48 Hours
Solving timestep 16/34: 1 Year, 30 Days, 10.48 Hours -> 1 Year, 60 Days, 20.97 Hours
Solving timestep 17/34: 1 Year, 60 Days, 20.97 Hours -> 1 Year, 91 Days, 7.46 Hours
Solving timestep 18/34: 1 Year, 91 Days, 7.46 Hours -> 1 Year, 121 Days, 17.94 Hours
Solving timestep 19/34: 1 Year, 121 Days, 17.94 Hours -> 1 Year, 152 Days, 4.42 Hours
Solving timestep 20/34: 1 Year, 152 Days, 4.42 Hours -> 1 Year, 182 Days, 14.91 Hours
Solving timestep 21/34: 1 Year, 182 Days, 14.91 Hours -> 1 Year, 213 Days, 1.40 Hour
Solving timestep 22/34: 1 Year, 213 Days, 1.40 Hour -> 1 Year, 243 Days, 11.88 Hours
Solving timestep 23/34: 1 Year, 243 Days, 11.88 Hours -> 1 Year, 273 Days, 22.36 Hours
Solving timestep 24/34: 1 Year, 273 Days, 22.36 Hours -> 1 Year, 304 Days, 8.85 Hours
Solving timestep 25/34: 1 Year, 304 Days, 8.85 Hours -> 1 Year, 334 Days, 19.34 Hours
Solving timestep 26/34: 1 Year, 334 Days, 19.34 Hours -> 2 Years
Solving timestep 27/34: 2 Years -> 2 Years, 91 Days, 7.46 Hours
```

```
Solving timestep 28/34: 2 Years, 91 Days, 7.46 Hours -> 2 Years, 182 Days, 14.91 Hours
Solving timestep 29/34: 2 Years, 182 Days, 14.91 Hours -> 2 Years, 273 Days, 22.36 Hours
Solving timestep 30/34: 2 Years, 273 Days, 22.36 Hours -> 3 Years
Solving timestep 31/34: 3 Years -> 3 Years, 91 Days, 7.46 Hours
Solving timestep 32/34: 3 Years, 91 Days, 7.46 Hours -> 3 Years, 182 Days, 14.91 Hours
Solving timestep 33/34: 3 Years, 182 Days, 14.91 Hours -> 3 Years, 273 Days, 22.36 Hours
Solving timestep 34/34: 3 Years, 273 Days, 22.36 Hours -> 4 Years
*** Simulation complete. Solved 34 control steps in 182 Seconds, 221 Milliseconds ***
```

9) 결과분석

시뮬레이션 종료 이후, plot섹션에서의 코딩에 따라 3D 결과 도시 가능. 현 모델의 경우 종료 시점의 CO_2 포화도가 0.05 이상인 격자만을 표시하도록 하였음. 생산 종료 시점 및 해당 시점에서의 압력 및 가스 포화도 확인 가능.

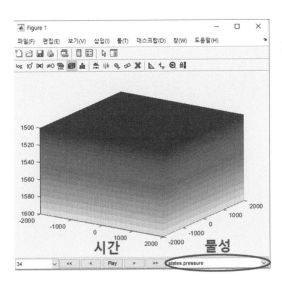
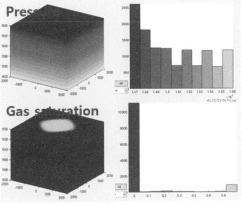

색인

저자 소개

성원모 교수

한양대학교 자원공학과에 31년간 재직한 명예교수이다. 석유 가스 생산 기술, CO_2-EOR 기술, 석탄층·대수층·가스전에서의 이산화탄소 지중 저장 기술(CCS) 개발 연구에 주력하였다. 한국자원공학회 회장을 역임하였고 한양대에서 저명강의교수, 대한민국 산업포장, 세계석유공학회(SPE)에서 우수업적상을 수상한 바 있다.

이정환 교수

전남대학교 공과대학 에너지자원공학과 교수이다. 석유·천연가스 공학, 회수증진 공학, CBM 및 셰일 가스 개발 기술, 이산화탄소 지중 저장 기술 등 석유 및 천연가스 개발 분야의 학술적 발전 및 연구개발을 선도하고 있는 석유·가스 개발 전문가로 공학한림원으로부터 대한민국 미래 100대 기술과 그 주역의 1인으로 선정되었다. 또한 국가 에너지 자원 개발 정책 수립에 풍부한 경험과 공로로 국무총리 표창 및 전남대학교에서 교육 우수교수 표창, 한국자원공학회에서 학술상을 수상한 바 있다.

박용찬 박사

한국지질자원연구원 CO_2지중 저장 연구센터 책임연구원으로 근무하고 있다. 2005년부터 국내외 다수의 CO_2 지중 저장 관련 연구에 참여하고 있으며 2014년 번역서로 『청정에너지, 기후 그리고 탄소』를 출판한 바 있다.

권순일 교수

동아대학교 에너지·자원공학과에 14년 동안 재직하고 있는 교수이다. 석유개발, 석탄층·대수층·가스전에의 이산화탄소 지중 저장(CCS)에 인공지능을 융합하는 연구에 주력하고 있다. 동아대학교에서 산학협력 우수교원 표창을 받은 바 있고, 한국자원공학회, 한국가스학회, 한국석유공학회에서 이사로 활동하고 있다.

이영수 교수

전북대학교 공과대학 자원에너지공학과 교수이다. 석유·천연가스공학, 셰일/치밀가스 생산기술, 파이프라인 인공지능, 이산화탄소 지중 저장 기술에 대한 연구를 수행하였다. 전북대학교에서 교육 우수 교수로 선정된 바 있으며 한국자원공학회, 한국가스학회, 한국석유공학회의 이사를 역임하고 있다.

손한암 교수

한양대학교 자원환경공학과에서 학사, 석사, 박사학위를 취득하였으며, 부경대학교 에너지자원공학과 교수로 재직 중이다. 석유가스의 개발 및 생산, 이산화탄소 지중 저장 기술 등과 관련된 연구를 수행하고 있다.

왕지훈 교수

한양대학교 자원환경공학과에 교수로 재직 중이며, 미국 뉴멕시코 광산공과대학교 석유·천연가스공학과 겸임교수를 맡고 있다. 석유가스 생산 및 완결설비, 이산화탄소 주입 시 지층 안정성 분석 관련 연구를 수행 중이다.

장영호 박사

한국에너지기술평가원 기획평가총괄실 전임연구원으로 근무하고 있다. 2009년부터 이산화탄소 지중 저장 기술 실증사업, 석유회수증진 기술 실증 사업, 비전통 자원 개발 연구에 참여하였고, 한국지질자원연구원 박사후연수자, 이화여자대학교 연구교수로 근무한 바 있다.

장호창 교수

강원대학교 에너지공학부(에너지자원융합공학 전공)에 교수로 재직 중이며, 석유회수증진 기술, 이산화탄소 지중 저장 기술, 비전통 자원 개발 연구에 주력하고 있다. 한국지질자원연구원에서 박사과정 연구생 및 박사후연수자로 근무한 바 있다.

탄소중립 시기의 CCS

초판인쇄 2022년 6월 27일
초판발행 2022년 6월 30일

저　　자 이정환, 박용찬, 권순일, 이영수, 왕지훈,
　　　　　 장영호, 손한암, 장호창, 성원모
펴 낸 이 김성배
펴 낸 곳 도서출판 씨아이알

책임편집 이민주
디 자 인 박진아, 안예슬
제작책임 김문갑

등록번호 제2-3285호
등 록 일 2001년 3월 19일
주　　소 (04626) 서울특별시 중구 필동로 8길 43(예장동 1-151)
전화번호 02-2275-8603(대표)
팩스번호 02-2265-9394
홈페이지 www.circom.co.kr

I S B N 979-11-6856-069-7　(93500)
정　　가 22,000원

ⓒ 이 책의 내용을 저작권자의 허가 없이 무단 전재하거나 복제할 경우 저작권법에 의해 처벌받을 수 있습니다.